이너웨어 디자인

공 미 란 저

경 춘 사

이너웨어 디자인
Inner Wear Design

지은이 공 미 란
발행인 안 중 기
발행처 도서출판 경춘사
등록번호 제10-153(1987. 11. 28)

인 쇄 2006년 7월 5일
발 행 2006년 7월 20일

서울 특별시 마포구 공덕 1동 117-25
전화 716-2502, 714-5246
팩스 704-0688

값 20,000원

ISBN 89-5895-028-5 93590

책을 쓰면서

오늘날 속옷이 겉옷 못지않게 인체의 미를 부각시키고 실루엣을 표현하는 핵심적인 역할을 하면서 속옷 소비자의 폭이 크게 넓어지고 속옷의 수요가 폭발적으로 증가하면서 그 중요성이 새롭게 인식되고 있다. 특히 최근 슬림하고 피트되는 실루엣의 유행으로 미의 기준이 마른 형으로 바뀌고 그에 맞추어 모든 옷들이 작게 제작되는 경향이 심화되어 사람들이 인체라인에 매우 민감한 반응을 보여 다이어트 및 체형보완기능성의 옷에 관심이 집중되고 있다. 이렇게 미에 대한 가치의 기준이 달라짐에 따라 인체라인이 신체적인 외모의 가장 큰 부분을 차지하게 되었고 그 결과 이상적인 체형을 만들려는 열풍이 불고 있으며 이러한 경향으로 인해 여성의 속옷도 시대적인 요구에 따라 다양하게 변화되었다.

속옷이 단순개념에서 탈피하여 다양화, 세분화, 겉옷화, 패션화 경향 등에 맞추어 고부가가치의 상품으로 변화됨에 따라 디자인, 색, 소재 및 착용방법 등 모든 아이템에서 다양한 변화가 요구되고 아울러 우리나라의 각 연령층 및 체형에 적합한 속옷 사이즈 및 디자인 또한 필요하게 되었다. 이를 위해서는 먼저 모든 연령층의 체형에 맞는 사이즈의 체계적인 정립과 함께 라이프 스타일의 변화에 따른 페밀리룩이나 커플룩의 개념이 고려된 적극적인 디자인의 개발도 필요한 실정이다.

이렇게 속옷의 중요성이 커지고 있음에도 불구하고 속옷 아이템의 용어 및 명칭에 대한 정립이 미비할 뿐만 아니라 속옷에 대한 정보는 좀처럼 접하기 쉽지 않았다. 이에 필자는 속옷에 대한 기본적인 정보를 제공할 수 있는 전문서를 집필하게 되었다. 본서는 속옷 패션의 추세에 맞추어 좀 더 전문적인 이너웨어의 디자인 개발에 도움이 될 수 있도록 전반적이고 핵심적인 이론을 바탕으로 실무와 관련된 다양한 사진 및 사례를

책을 쓰면서

제시하여 응용할 수 있도록 구성하였다. 기본적인 속옷의 개념 및 변천, 기능, 종류, 소재, 관리, 착용방법 및 속옷디자인에 이르기까지의 전 과정을 다루려고 노력하였다. 부족한 점은 많지만 속옷에 관심을 갖고 배우는 학생들이 속옷을 전반적으로 이해하고 실제로 속옷디자인을 하는데 조금이라도 도움이 되었으면 하는 바람이다.

이 책이 완성되기까지 나름대로 최선을 다했지만 막상 책을 펴내려고 하니 부족하고 아쉬운 점이 많다. 특히 본서를 집필하는 데 인용한 문헌, 자료와 관련된 모든 분께 양해를 구하지 못한 점을 송구스럽게 생각하며 감사와 양해의 말씀을 드린다. 본서의 미흡하고 부족한 부분은 여러분의 많은 조언과 지적을 바탕으로 차후에 계속 수정, 보완할 예정이다.

끝으로 본서가 출판되기까지 많은 도움을 주신 경춘사 사장님과 부장님, 책을 아담하게 꾸며주신 출판사 직원 여러분들께 감사드리고 자료정리에 도움을 준 친구와 후배, 사랑하는 제자 미선이와 현아, 다운이에게도 고마움을 전한다.

2006. 6.

지 은 이

/C/O/N/T/E/N/T/S/

CONTENTS

/C/O/N/T/E/N/T/S/

CONTENTS

/C/O/N/T/E/N/T/S/

CONTENTS

VII. 속옷의 소재 / 217

VIII. 속옷의 관리 / 235

Inner wear Design 01

속옷의 개념과 변천

속옷의 개념과 변천

1. 속옷의 개념

속옷(Underclothes)은 여러 가지 목적으로 겉옷의 내부에 착용하는 의류로 몸에 직접 착용하는 옷의 총칭이며 흔히 간단하게 내의라고도 한다.[1] 『표준 국어 대사전』(1999)에는 속옷을 겉옷의 안쪽 몸에 직접 닿게 입는 옷으로 안쪽 옷이라고 정의하였으며, 『두산 백과사전』[2]에는 속옷은 언더웨어(Underwear) 혹은 언더클로즈(Underclothes)로 위생적인 것과 체형보정을 위한 것, 장식을 위한 것 등으로 나뉘어 진다고 설명되어 있다.

일반적으로 옷은 착용층에 따라 크게 외층(제일 바깥쪽에 입는 겉옷; 외의, 상의, 아웃웨어), 중층(겉옷과 속옷의 중간에 입는 옷; 중의, 이너웨어), 내층(제일 안쪽에 입는 옷; 내의, 속옷)으로 나뉘며, 착용 위치에 따라 인체의 허리를 중심으로 상체를 덮는 옷을 상의, 하체 부분을 덮는 것을 하의로 구분한다. 따라서 속옷이란 신체의 제일 안쪽에 입는 가장 기본적인 옷으로 피부에 접하여 있으면서 겉옷에 일부 또는 많은 부분이 가려지는 형태를 말한다.

의복은 자기 표현의 수단인데 특히 속옷은 신체와 겉옷 사이의 매개체로서의 기능적 요소와 자신의 매력을 과시하기 위한 장식적 요소의 상반된 속성을 지니고 있다. 이러한 의미에서 속옷은 사적인 영역과 공적인 영역을 조화시키는 수단(Martin & Koda, 1966: 10)으로 사적 영역 내에서 이루어지는 자신의 개인적 자아를 표현(Lurie, 1983: 230)하는 인간 내면의 의식과 그 속에 잠재되어 있는 문화의 표현이라고 할 수 있다. 겉옷의 실루엣을 표현하는 데 결정적인 역할을 해왔던 속옷은 생리위생, 신체의 보온과 보호, 계층, 정숙성과 성적 매력의 이중 상징, 미의식 등을 나타내는 기능을 한다(Cunnington, 1992: 14). 따라서 속옷의 형태와 기능을 통해 그 사회의 미의식과 도덕의식을 유추해 낼 수 있으며, 착용관행을 통해서 남녀의 역할과 지위, 사회체제, 관습 등의 문화적 의미를 살펴 볼 수 있다(김영미 · 박부진 · 한명숙, 1998: 484). 이러한 중요성에도 불구하고 속옷은 겉옷에 비해 그다지 관심이 기울여지지 않았다. 속옷의 이해를 바탕으로 겉옷에 대한 연구가 출발해야 하지만 그간 겉옷에 비해 소홀히 다루어지다가 최근 속옷의 겉옷화 경향에 따라 속옷의 기능적 중요성이 인식되면서 속옷 산업에 대한 관심이 증대되고 있다.

이너웨어가 아웃웨어에 대한 속옷의 총칭에서 20세기 포스트모더니즘 이후 안에 입는 옷뿐만 아니라 속옷이면서 겉옷으로 입는 의복까지 포함하면서 오늘날에는 프릴, 자수, 레이스 장식의 란제리와 스포츠 브래지어 등 겉옷으로서의 속옷도 이너웨어의 범주에 들어간다.[3] 최근 여성의 의식이 변화하면서 속옷은 위생적이고 편리하면 된다는 기본 개념에서 벗어나 디자인, 소재, 기능면에서 패션의 다양화가 가미된 좀 더 아름답고 고급스러우며 기능적인 의미의 속옷이 선호되는 추세이다. 즉 속옷과 겉옷의 조화로 여성의 미를 표현하려는 경향이 강해지면서 겉옷의 전체적인 실루엣을 안에서 속옷으로 한 번 정리하고, 교정하는 기능이 중요시되어 가고 있음을 알 수 있다. 속옷은 겉옷의 형태 표현을 위한 역할뿐만 아니라 위생적이고 도덕적이고 실용적인 측면에서도 꼭 필요한 의복이라 할 수 있다.

최근에는 마르고 슬림한 것이 여성 인체미의 기준이 되면서 인체형태미를 보정하는 속옷의 기능이 점점 확대, 중시되고 있다.

또한 속옷의 겉옷화 경향에 맞추어 속옷의 형태를 띤 겉옷들이 등장하면서 속옷과 겉옷의 경계가 사라지는 패션트렌드에 따라 속옷과 겉옷의 미의 기준이 같은 방향으로 흐르고 있다.

2. 속옷의 변천

속옷은 겉옷의 변천과 더불어 발전되어 왔다. 겉옷에 가려 직접적으로 잘 드러나지 않는 경우가 대부분이지만 속옷은 위생이라는 근본 목적 외에 시대적인 겉옷의 유행에 따른 미에 대한 관념 및 사회문화적 혹은 민속적 풍습 등의 영향을 받아 끊임없이 변화되었다.

일반적으로 속옷에서는 남성보다는 여성 속옷이 훨씬 더 다양하며 상의에 비해 하의가 더 발전된 것을 볼 수 있다. 서양복식에서 여성속옷이 인체를 부분적으로 축소, 과장하여 인공적인 실루엣을 연출했다면 우리나라의 복식은 유교관념에 따라 인체를 은폐하는 형태라고 할 수 있다.

(1) 서양속옷의 변천

고대의 속옷은 겉옷과의 구분이 명확하지 않았으며 그 형태나 착용법이 간단하였다.[4] 중세에는 생리위생성이 강한 속옷 중심으로 맨살에 입는 언더웨어가 착용되었고 부분적인 노출부위의 장식이 특징이다. 근세에는 언더웨어와 보정용웨어, 장식용내의가 있었고 특히 보정용이 발달하여 인체를 크게 왜곡시켰으며 신체보정성이 강한 기능에 따라 종류별로 다양하게 변화되었다. 근대에는 언더웨어, 보정용, 장식용 중에 장식용이 크게 발달하여 활동성 위주의 구성이 발달하고 기능이 복합된 디자인이 나타나 현대 속옷이 발전하는 계기가 마련되었다. 현대에는 언더웨어의 개념이 변화되면서 노출부위가 많아졌고 보정용은 자연스럽고 간단한 형태로 변했으며 장식용은 색과 형태가 다양해졌다. 특히 소재와 산업기술의 발달로 인해 기능화, 복합화되어 디자인에 있어서 착용 부위의 간소화와 장식화, 단순화로의 양극화 현상이 나타나[5] 속옷이 고급화, 대중화, 다양화되었다.

일반적으로 속옷의 기원에 대해서는[6] 구약성서 창세기의 성경에 나오는 아담과 이브가 서로의 육체에 대한 차이로 인해 느낀 수치심에서 무화과 나뭇잎으로 허리를 졸라매는 요의 형태인 생식기 덮개로 가린 것이 속옷의 시작이었다는 창세기 기원설이 있고, 반대로 속옷으로 인해 수치심을 느끼게 되는 계기가 되어 양성의 구분으로 인해 이성의 관심을 끌기 위해서 입기 시작했다는 이성흡인설이 있다. 그런가하면 속옷의 기원을 남미의 나체족이 성인 예식 때 허리에 두른 가는 허리띠가 속옷의 출발점[7] 이라고 주장도 있다.

1) 고대시대

최초로 속옷에 사용된 소재는 사냥으로 얻은 동물 가죽이었다. 남성은 용맹스러움을 과시하는 치장의 기능으로, 여성은 추위나 벌레등으로부터의 신체보호 및 위생적, 주술적 장식으로 착용[8]되었던 고대의 속옷은 그 존재가 테라코타나 벽화, 인물등을 통해 추축할 뿐 정확하게 알 수가 없으며 속옷과 겉옷의 구분도 명확하지 않다.

① 이집트

• 로인 클로스(loin clothes) : 남자들은 한 장의 천으로 다리를 통과하여 생식기부위에서 주름을 잡고 엉덩이 근처을 감싸면서 허리에서 묶는 가장 간단한 로인클로스인 드로워즈를 입었다.[9]

기원전 2700~2200년

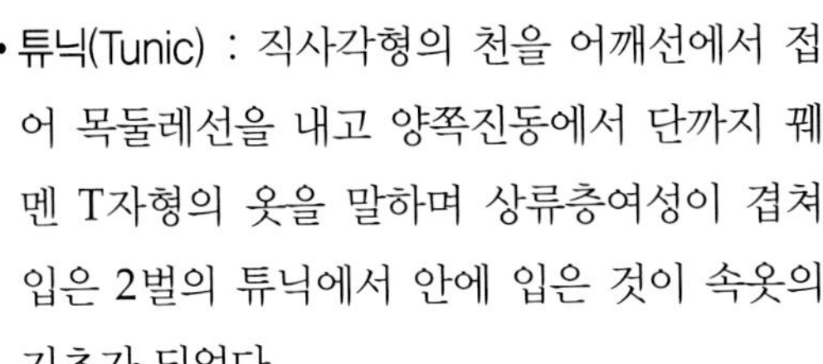

• 튜닉(Tunic) : 직사각형의 천을 어깨선에서 접어 목둘레선을 내고 양쪽진동에서 단까지 꿰멘 T자형의 옷을 말하며 상류층여성이 겹쳐 입은 2벌의 튜닉에서 안에 입은 것이 속옷의 기초가 되었다.

신왕국시대의 Tunic
(정흥숙, 1999, p.19)

② 크레타(기원전3000-기원전 1100년)

• 코르셋 벨트(corset belt) : 크레타복식의 특징은 몸에 꼭맞게 봉제된 형태이며 그 중의 대표적인 코르셋 벨트는 허리를 조이기 위하여 가죽이나 금속으로 만든 벨트로 로인 클로스위에 어렸을 때부터 입은 것이 오늘날의 코르셋의 원형이라 할 수 있다.

B.C. 2000년경의 후프와 코르셋

③ 그리이스 (기원전 1200년-기원전 330년)

• 아포대즘(apodesme)과 조나(zona) : 아포대즘은 천이나 가죽으로 가슴을 두른 브래지어의 원형이라 할 수 있으며, 조나는 린넨이나 가죽으로 된 허리아래 부분을 감싸는 것으로 일종의 거들의 초기형태로 이해할 수 있다.

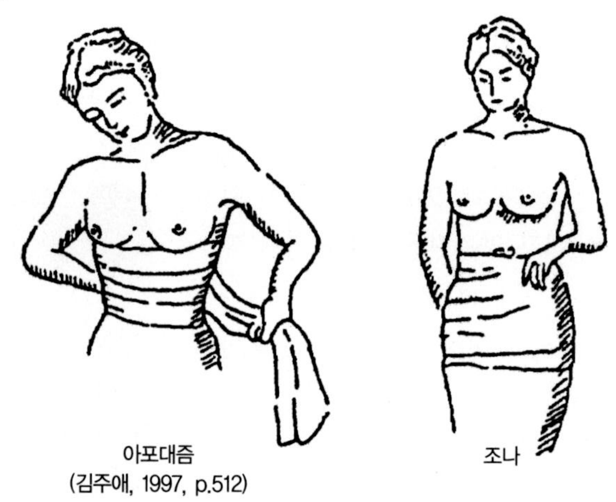

아포대즘 (김주애, 1997, p.512) 조나

④ 로마시대

• 튜니카(Tunuca) : 튜닉의 라틴명이며 그리스의 도릭키톤이 변형, 발달된 원피스로 초기에는 두장의 직사각형 천을 어깨와 양쪽 옆솔기를 진동만 남기고 바느질하여 목둘레선을 일자로 트고 속옷으로 입었으며 훗날 쉐엥즈를 거쳐 슈미즈의 원형이 되었다고 볼 수 있다.

1세기경

• 스트로피움(Strophium) : 간단한 형태의 운동복으로 경기에서 여자들이 입었으며 요즘의 비키니 수영복과 비슷한 스타일로 브래지어와 팬티의 원조라고도 할 수 있다.

3~4세기경

2) 중세시대

종교의 금욕주의로 인해서 속옷의 노출이 거의 없이 신체보호및 위생적인 실용적기능만이 중시되었다. 그러다가 중세후기에 들어 겉옷의 계층 및 남녀의 성적구별이 명확해짐에 따라 속옷에도 성적구분이 생기기 시작했다.[10]

① 중세초기(비잔틴시대) : 6-10세기

• 언더튜닉(under tunic) : 비잔틴의 기독교신자들은 긴소매의 튜닉속에 날씨가 추우면 언더튜닉을 입었는데 겉의 튜닉보다 길이가 짧고 린넨이나 실크, 나사 등으로 만들었다.

9세기 초기경

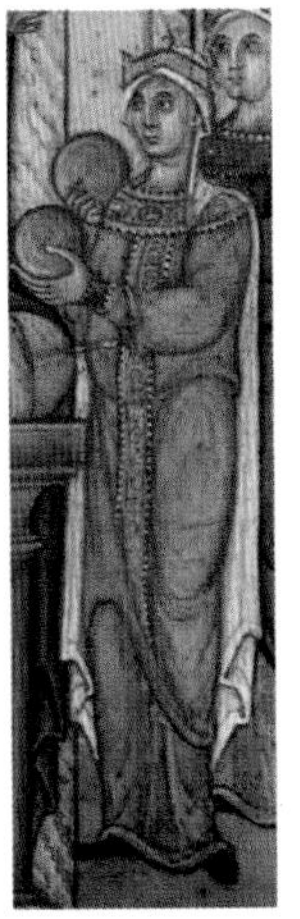

983년경

② 중세중기(로마네스크 시대) : 11, 12세기

• 쉐엥스(Chainse) : 언더튜닉의 다른 명칭인데 소매부리가 좁고 상의는 꼭 맞으며 하의부분은 넓고 길이가 긴 스타일로 소매 끝에 자수를 놓거나 장식을 하고 목둘레를 끈으로 여몄다. 린넨이나 실크, 모직물을 사용하였으며 13세기부터는 슈미즈라고 불렀다.

11세기 후기

12세기 중기

• 스테이(stays : 꼬르사이쥬(corsage)) : 블리오의 위에 착용한 조끼형의 여성용 의복으로 몸의 라인을 나타내기 위하여 가죽이나 천으로 등뒤를 트고 허리를 끈으로 끼워서 몸에 꼭끼게 묶어 고정시켰다. 모직과 실크 소재를 교직으로 두 세 겹의 천을 겹쳐서 금, 은사로 누비거나 스모킹하였다.

12세기경

③ 중세말기(고딕시대) : 13-15세기

• 슈미즈(Chemise) : 꼬뜨나 로브안에 입었던 로마네스크시대의 속옷 쉐엥즈와 같은 것으로 목둘레와 소매끝부분을 금실이나 색실로 자수를 놓거나 레이스로 장식하였다. 고운 린넨으로 만들었으며 영국에서는 셔트(Shirt)라고 불렀다.

14세기

15세기 전기

3) 근세복식

① 르네상스시대 : 15,16세기

르네상스시대에는 기본언더웨어로 슈미즈와 언더니커스를, 파운데이션으로는 꼬르삐께나 바스뀐느 같은 몸통을 졸라매는 코르셋을, 란제리로는 스커트를 부풀리는 페티코트인 파딩게일과 나이트 클로스가 유행하였다. 그밖에 러플칼라 등으로 인체미를 강조하여 실루엣을 과장하는 르네상스양식이 만들어졌으며 여성들은 기본 속옷인 슈미즈와 파딩게일, 페티코트와 가운을 걸치고 외투를 착용하였다.

• 언더니커스(under-knickers) : 이탈리아의 캐더린 드 메디치(Catherine de Medici)가 프랑스에 소개한 속옷으로 실크나 리넨의 반바지형태로 18세기 말 언더팬티를 입기 전까지는 모든이에게 필수적인 기본 속옷이었다.

• 슈미즈(Chemise) : 좁은 튜닉형의 원피스 드레스로 로브 속에 입었으며 데꼴레떼(decollete)의 목둘레선에 프릴이나 러플을 달아 겉옷 밖으로 보이게 입었다가 점차 목위로 올라와 파틀렛을 형성하였으며 소매는 좁고 길어 러플장식이 밖으로 보이거나 슬래시를 통해 겉으로 보이기도 하였다. 린넨이나 실크로 만들었으며 언더튜닉이나 셔츠로 표현하는 경우도 있다.

1523년

1535년경

1563년-1566년경

• 코르셋(corset) : 몸통을 조여 길고 가는 허리를 위한 조끼형태로 나타난 것으로 바스뀐느(basqune)와 꼬르삐케(corps-pique)가 나타났다. 바스뀐느는 단단한 나무조각, 고래수염, 뿔, 금속.상아로 만든 바스크(basque)를 두겹의 린넨이나 울 사이에 넣고 촘촘하게 누빈 것을 말하며 꼬르삐께는 바스뀐느보다 딱딱한 것으로 원하는 두께를 조절할 수 있었으며 앞이나 뒤중앙, 앞중앙이 아래로 뾰족한 형태였다.

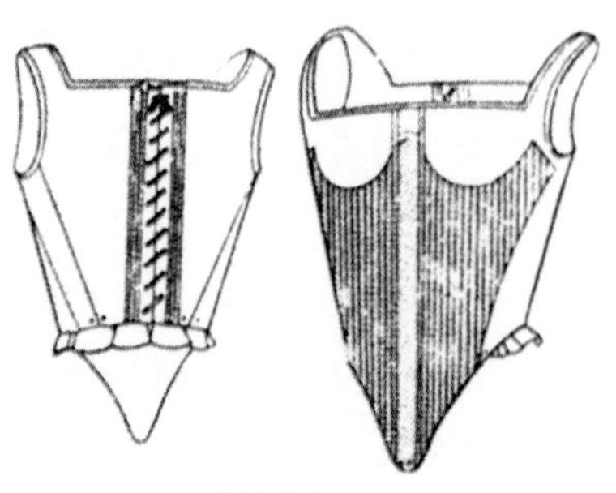
16세기 초기

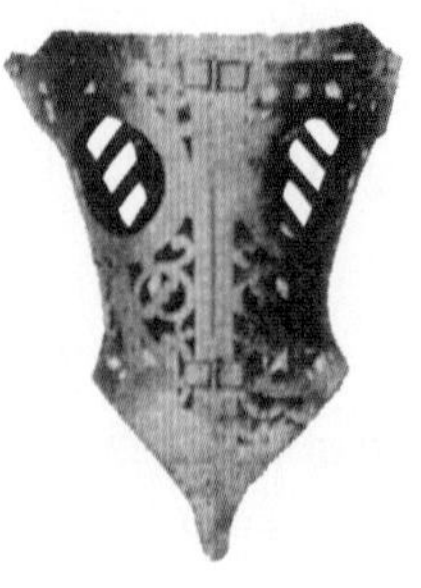
16세기 초기

16세기 초기

• 페티코트(petticoat) : 스커트를 확대하기 위한 후프의 일종인 파딩게일(fardingale= 영국의 베르뛰가뎅(vertugadin))은 1545년 스페인에서 고안된 이후 유행하기 시작하였으며 둥근테(hoop)를 일정간격으로 배열하여 겉과 안의 천을 고정시켜 원추형이나 종모양으로 만들었으며 테의 재료로는 어린 식물줄기, 철사 등이고 옷감은 면포, 아마포, 모직, 견직물 등을 사용하였다. 슈미즈 위에 코르셋을 입고 언더스커트를 입은 후 허리에 걸쳐 입었다.

16세기 16세기 16세기

16세기 1595년 1595년

• 나이트클로스(nightclothes) : 슈미즈와 유사한 형태로 일반인이 착용할 수 없었던 귀한 속옷으로 알려지고 있다.

② 바로크시대 : 17세기

바로크의 언더웨어로는 슈미즈(Chemise)와 드로워즈(drawers)가 있고 17세기 유럽 귀족의 여성들에게 섹시한 실루엣이 중요시되어 파운데이션으로 고통을 받으면서도 철이나 고래뼈 등으로 만든 코르셋인 꼬르발렌느와 빠니에를, 그리고 란제리로는 페티코트와 나이트클로스를 입었다.

- 슈미즈(Chemise) : 고대부터 입어온 품이 넉넉한 원통형의 원피스로 목둘레, 소매부리, 앞트임, 아랫단에 자수나 프릴, 레이스로 장식했으며 주로 흰색의 린넨으로 만들었다. 후기에는 슈미즈의 옷길이가 반셔츠 정도로 짧아져 현대 블라우스의 시작으로 보기도 한다.

1617~1618년경

1634년

17세기(이정옥외 2명, 1999, p.232)

- 드로워즈(drawers) : 이탈리아의 부인들이 까운 밑에 린넨이나 실크바지를 입었으며 프랑스에서는 상류사회의 전유물로 말을 탈 때 착용하였다.

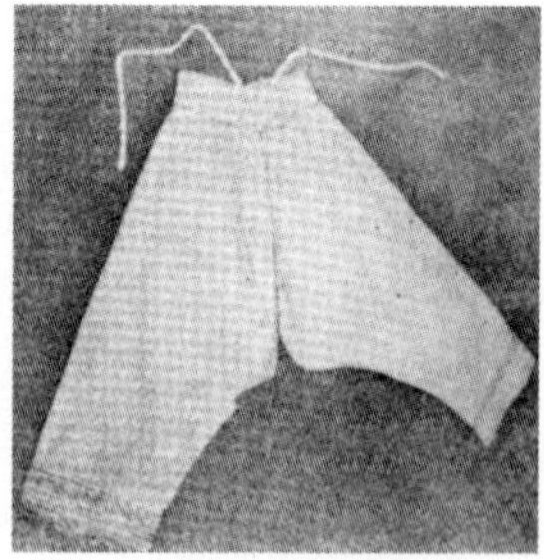

17세기(이정옥외 2명, 1999, p.232)

• 코르셋(corset) : 바로크의 꼬르발렌느(corpsbaleine)는 프랑스에서 입었던 허리를 가늘게 하면서 가슴을 강조하는 코르셋으로 고래수염을 넣은 바디스의 뜻으로 바스크가 있어 딱딱하게 만들어졌으며 프린세스라인처럼 사선으로 자르고 촘촘하게 바느질한 것으로 중심이 예각으로 된 것과 약간 둥글게 생긴 것이 있으며 도련에는 탭이 달려 있어서 허리선과 자연스럽게 조화될 수 있게 되어 있다. 영국에서는 스테이라고 하였다.

17세기 후기

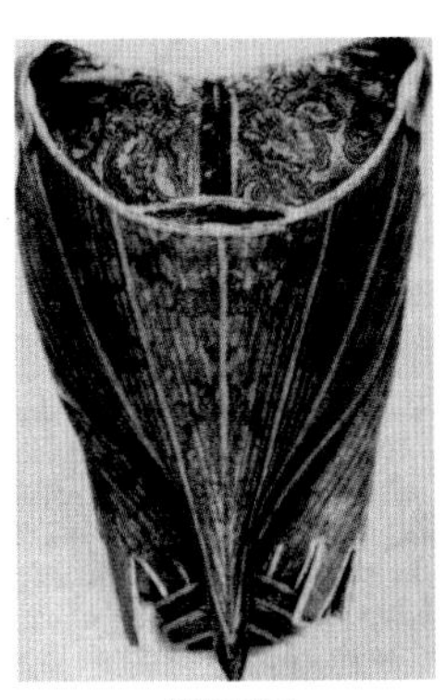
1620년경

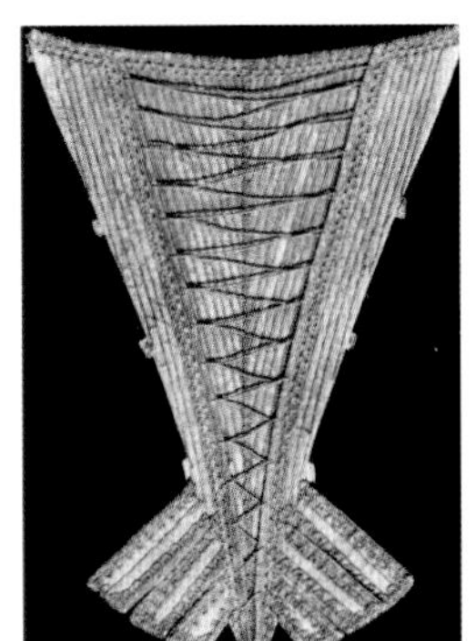
17세기 후기

• 페티코트(petticoat) : 치마의 크기가 넓어지면서 까운의 겉자락이 벌어지거나 뒤쪽의 드레이프가 보이는 것을 고려해 화려한 색으로 만들었으며 여러 겹을 겹쳐 입었다. 17세기 말에는 풀을 먹여 빳빳하게 하여 언더페티코트를 만들기도 하였으며 일부지역에서는 힙의 양옆으로 퍼지는 빠니에가 나타나기도 하였다.

17세기

• 나이트클로스(nightclothes) : 상류층에서 사용되었던 나이트클로스는 레이스 등으로 화려하고 사치스럽게 치장되었다.

③ 로코코시대 : 18세기

로코코시대에는 언더웨어로 슈미즈를, 파운데이션으로는 꼬르발렌느, 빠니에 두블르를 란제리로는 페티코트와 언더스커트, 나이트클로스를 입었다. 18세기에 들어서야 영국의 여성들은 팬티의 기원인 드로우즈를 착용하기 시작했으며 일반적인 여성의 속옷은 스커트의 허리에서부터 직각으로 지탱하고 있는 빳빳한 원뿔 모양의 사이드 후프였으며 외관은 견고한 뼈대의 형태로 형성되었다. 속옷은 여전히 보온성, 정숙성, 위생성 등 전통적 기능이 중시되었다.

- **슈미즈(Chemise)** : 슈미즈는 로코코의 자유로운 분위기를 담아 화려했으며 에로티시즘과 여성미를 표현한 것으로 목둘레와 소맷부리에 레이스나 천으로 프릴을 달아 목둘레가 많이 파인 까운 밑에 입었을 때 보일 수 있도록 장식하였다. 영국에서는 승마용 자켓 속에 아비(habit shirts)셔츠를 입었으며 18세기에는 남자셔츠와 비슷한 것이 등장하여 여자복식에 남성요소가 도입되었음을 알 수 있다.

1745년

1775년경

1775년경

- **코르셋(corset)** : 로코코의 코르셋인 꼬르발렌느는 유방을 강조하고 허리를 가늘게 보이도록 더 정교하게 제작하여 옷감사이에 고래수염이나 등나무줄기를 넣어 누빈 것으로 앞중심과 뒷중심에 뼈와 바스크를 넣고 아랫도련은 탭형태로 만들어 힙의 곡선에 자연스럽게 맞도록 구성하였으며 뒤트임을 하였다.

1760년경

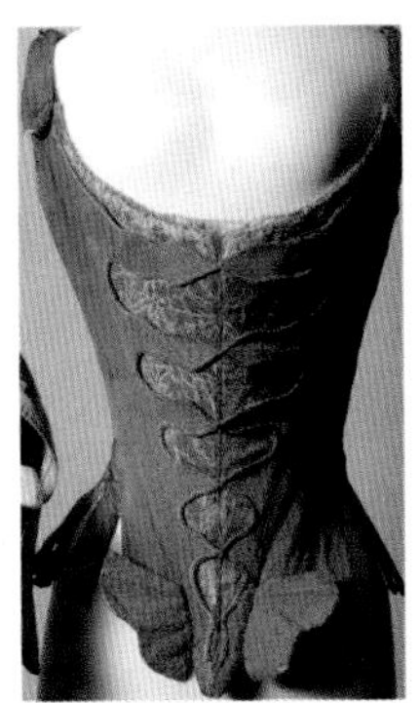
1760년경

1775년경

18세기

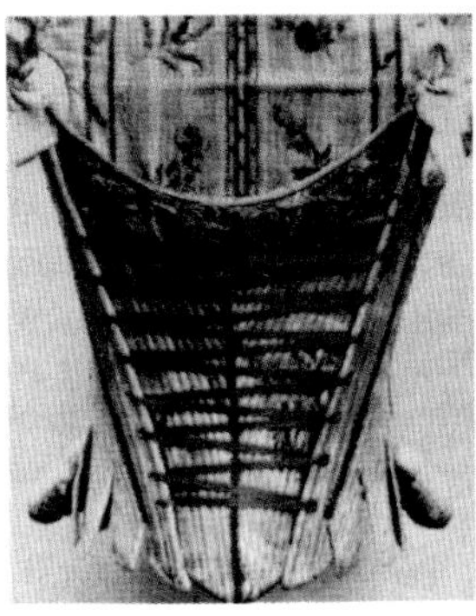
18세기

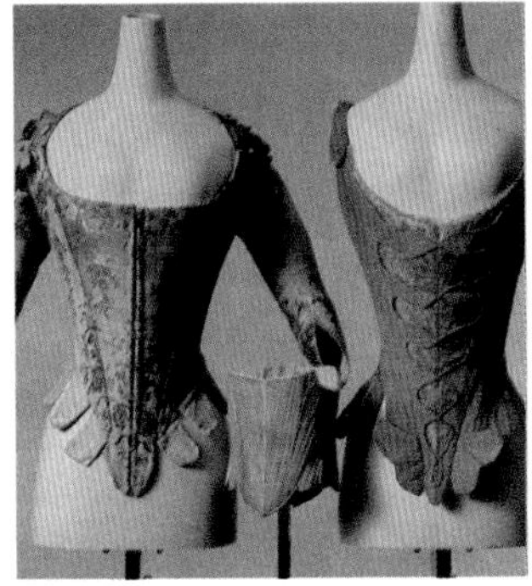
18세기

• 빠니에(panier) : 로코코의 가장 특징적인 형태인 스커트 버팀대인 빠니에는 18세기 초에는 등나무줄기, 고래수염으로 만든 원추형실루엣이었다가 1740년경에는 양옆으로 넓게 펴졌으며 1760년대에는 양쪽에 두개를 하거나 신축성 있게 접을 수 있도록 구성하였다.

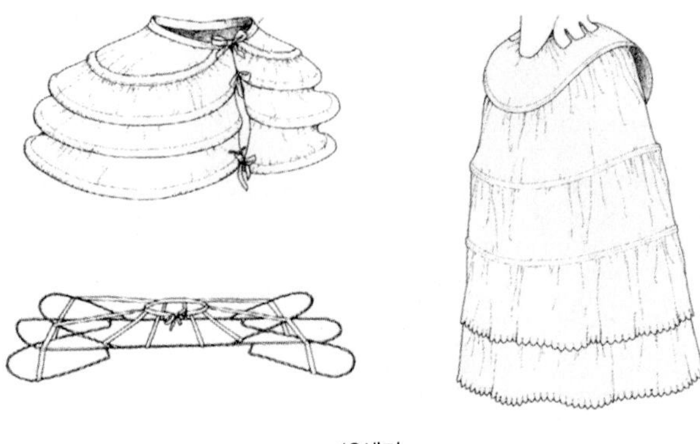

18세기

• 언더스커트(underskirt) : 걷어 올리거나 앞으로 벌어진 오버스커트 사이로 언더스커트가 보이도록 밖으로 노출시켜 레이스, 러플, 리본, 활발라 등으로 치장하였다.

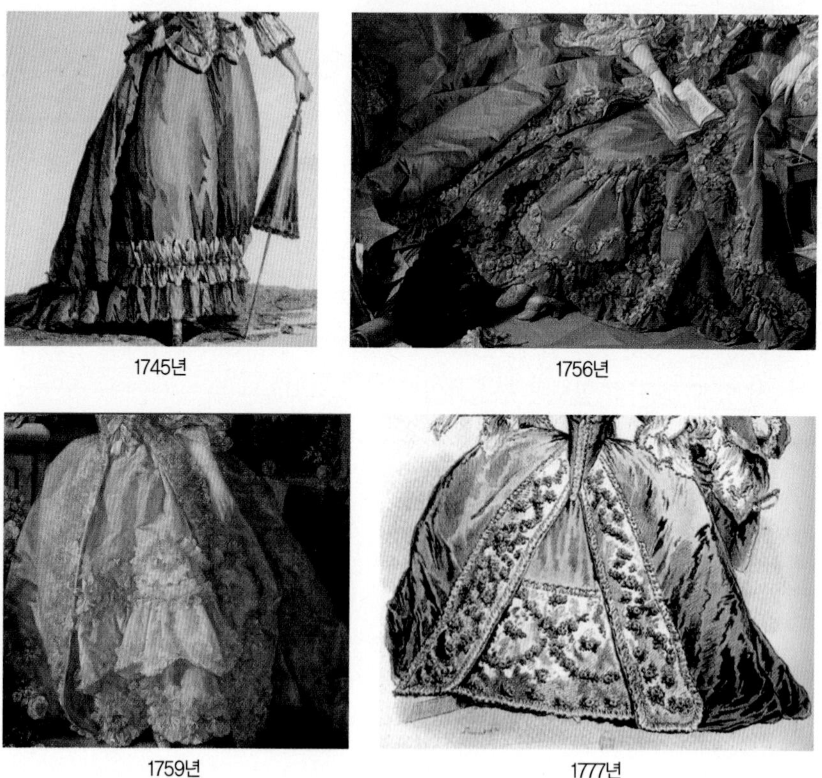

1745년 1756년

1759년 1777년

• 나이트클로스(nightclothes) : 리본여밈으로 나이트 캡과 같이 착용하였으며, 프랑스에서는 캐미솔(camisole)이라고 하였다.

4) 근대복식

① 19세기 전기 (엠파이어& 로맨틱시대)

1790–1840년의 여성용 속옷 및 코르셋은 인체를 보정하여 겉옷의 실루엣을 만드는 역할을 하였으며 쉬프트와 페티코트는 장식이 아닌 기능적인 용도로 사용되었다. 1790년부터 쉬프트와 스테이는 각각 슈미즈와 코르셋이라는 명칭으로 알려지기 시작했으며 1840년경부터 새로운 속옷인 드로우즈와 코르셋 커버가 유행하였다.

■ 엠파이어(Empire) 스타일

19세기 초의 고전스타일이 나폴레옹원정 전까지 유행하다가 그 이후 얇고 몸에 감기는 머슬린 옷감을 사용하여 슈미즈 가운 속에 입었으며 코르셋이나 페티코트는 간단하게 변화되었으며 1791년 초기의 브래지어인 볼스터(bolster)가 등장하였다.

• 슈미즈(Chemise) : 무릎길이의 소매가 달린 스타일로 주름이 거의 없고 직선적인 실루엣으로 네모난 목둘레에 프릴을 단 것, 린넨이나 면직물로 만든 것이 있다.

슈미즈(정흥숙, 1999. p.287)

코르셋(이정옥외 2명ㄹ, 1999, p.295)

• **코르셋(corset)** : 유방을 떠받치고 허리와 힙의 윤곽선을 다듬기 위한 길이가 긴 코르셋을 사용하였으며 뒤에서 끈을 졸라매게 되어 있고 능직면포에 고래수염으로 심을 넣어 신축성을 유지하였다.

• **드로워즈(drawers)** : 속바지는 벨트가 있고 뒤허리에 끈으로 매어 입게 되어 있으며 바지 가랑이는 직선으로 튜블러한 선으로 무릎아래에서 약간의 주름을 잡아 밴드로 처리하였다. 1800년 이후 패션에 등장하기 시작하여 흰색 머슬린 까운 속에 옅은 분홍색 속치마를 입어 겉에 비치게 하였다.

• **판탈렛(pantalettes)** : 남자의 긴바지인 판탈롱이 여자옷에 도입되어 판탈렛으로 바뀌었으며 종아리 길이로 바지가랑이의 부리부분을 레이스로 주름잡아서 장식하여 스커트 밑으로 바지가 보이도록 디자인 하였다.

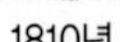
1810년

1813년

1817년

■ 로맨틱(Romantic) 스타일시대

로맨틱 스타일은 신르네상스 스타일로 귀족풍의 의상이 성행함에 따라 속옷의 보정기능에 대한 기능이 다시 되살아났으며 슈미즈와 드로워즈, 판탈룬의 언더웨어와 코르셋과 페티코트, 언더스커트, 나이트클로스등이 있으며 전시대에 볼스터인 가슴가리개에서 더 발달된 바스트 임프로버(bust improver)가 만들어졌다.

• 슈미즈(Chemise) : 낮은 사각의 네크라인에 폭좁은 프릴장식으로 무릎길이와 짧은 소매의 슈미즈는 면으로 만들어졌다.

1829년
(이정옥 외 2명, 1999. p.313)

1839년대

1845년경

• 드로워즈(drawers) : 1930년말 대중화되어 거의 모두가 드로워즈를 입었다.

• 판타룬(pantaloon) : 1817년에 등장한 것으로 발목 아래의 끝이 주름잡은 레이스와 터커(tucker)로 처리된 긴 바지형태의 속옷으로 드로워즈와는 구별되었다.

1820년대(정흥숙, 1999. p.302)

• **코르셋(corset)** : 허리를 가늘게 보이기 위한 코르셋이 다시 부활하였으며 몸의 곡선에 따라 재단된 천으로 바느질하여 부피와 크기가 크지 않고, 입고 활동하기에 편리하였다. 또 데미 코르셋(demi-corset)은 신축성있게 짠 능직과 고래수염으로 만든 길이가 짧은 반코르셋이 주로 사용되었으며 1820년대와 같은 스타일로 뒤에서 끈으로 졸라맸다.

1830년대

• **페티코트(petticoat)** : 1830년대에 스커트 폭이 넓어지면서 페티코트가 일반화되었으며 빳빳한 천으로 만들어 겹쳐 입거나 여러 겹의 기교적인 주름을 몇 층으로 붙이거나 솜을 넣고 누비기도 하였다.

1820년대(이정옥외2명, P.313)

② 19세기 후기 (크리놀린& 버슬 시대)

1840–1890년경에는 페티코트, 코르셋, 드로우즈, 슈미즈 등이 화려하고 사치스러워지면서 의복의 착의와 탈의도 복잡해졌다. 그에 따라 뒤에 버튼이 달린 니커보커즈와 드로우즈, 앞여밈의 증가 등 새로운 의복의 개발로 인해 잠금 장치의 연결방법에 숙달되게 되었다.

■ 크리놀린(Crinoline) 시대

슈미즈는 전 시대와 동일하였고 스포츠의 유행으로 인해 여성의 바지착용이 많아지고 크리놀린 밑에 드로워즈나 판탈룬 등을 입었으며 이 밖에도 블루머의 언더웨어와 코르셋, 바스트임프로버의 파운데이션과 크리놀린, 나이트클로스 등의 란제리를 입었다.

블루머(정흥숙, 1999. p.322)

슈미즈

드로워즈

• **크리놀린(crinoline)** : 페티코트의 하나인 크리놀린은 1850-1860년대에 스커트를 퍼지도록 하기 위해 입었던 속치마로 새장같이 앞에 트임이 있고 끈으로 허리를 매어 입었으며 초기에는 돔과 같은 형태로 시작해서 차츰 피라밋처럼 아랫도련이 넓게 퍼지게 만들거나 앞보다 뒤가 퍼지게 하였다. 사람들이 드나드는 출구를 나오는 것이 문제가 되어 영국의 빅토리아 여왕이 입지 못하도록 금지하기도 했으나 유행을 막을 수 없었다.

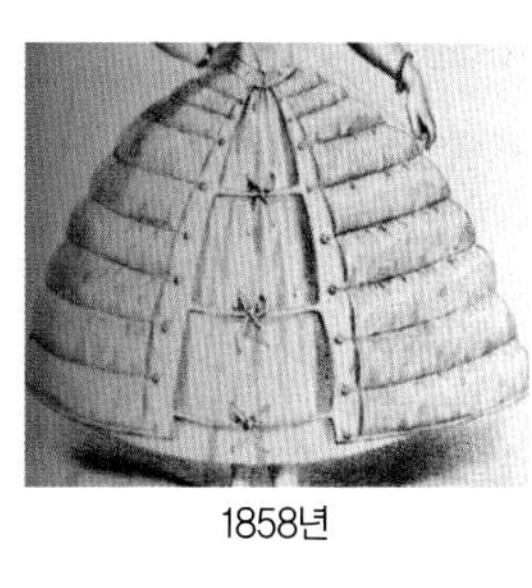
1858년

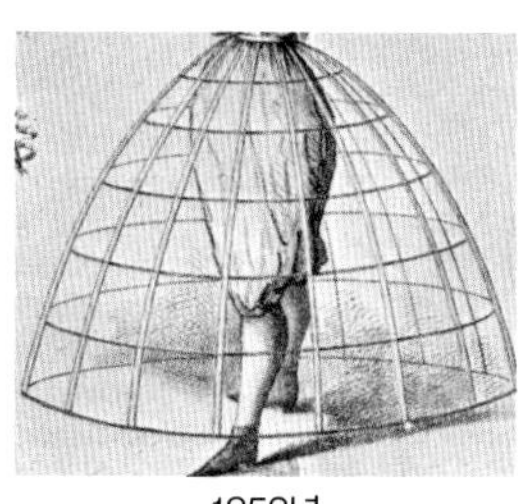
1858년

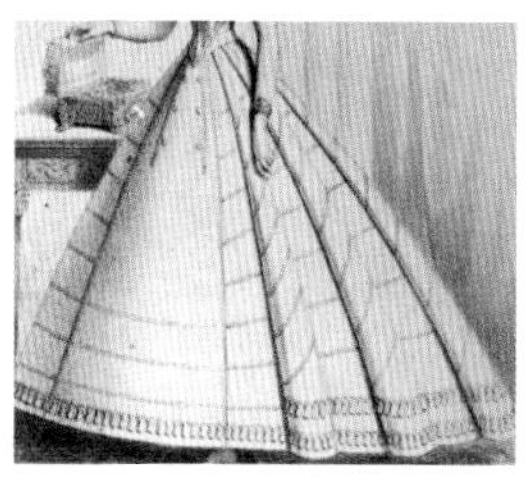
1865년

1860년경

1860년대

크리놀린스타일 시대

• 코르셋(corset) : 1840년부터 신축성 있는 코르셋이 연구되었다. 1844년 뒤플렝 여사에 의해 딱딱한 바스크나 고래수염을 사용하지 않고 헝겊을 조각조각 연결한 코르셋이 고안되어 널리 보급되었다. 1847년에는 특수고리가 개발되어 앞 중앙은 고리로 뒤는 끈으로 조정하는 것이 보편화되었다.

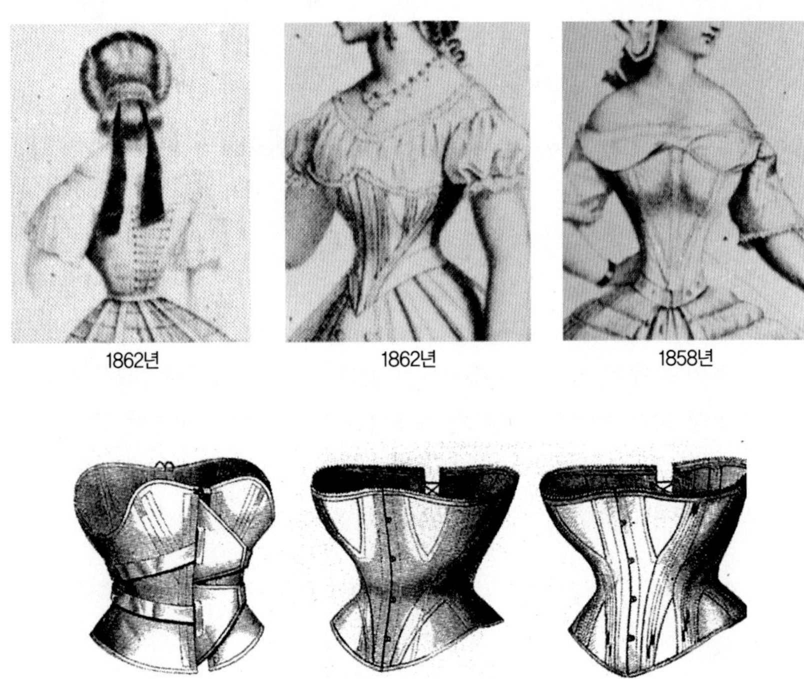

1862년 1862년 1858년

1850년대(정흥숙, 1999, P.321)

■ 버슬(bustle)시대(1870-1890)

버슬시대의 언더웨어로는 슈미즈, 드로워즈, 블루머, 판타렛, 콤비네이션, 파운데이션으로는 콜르셋, 바스트 임프로버(브래지어), 란제리로는 스커트받침대인 버슬, 페티코트, 언더스커트, 캐미솔, 나이트드레스 등이 있다. 이 시대의 대표적인 특징인 버슬스타일은 앞은 자연스럽게 하고 뒤허리 부분에 말안장과 같은 패드나 뻗치게 하는 크리놀린 빠니에를 받쳐 까운의 실루엣을 드레이프시켜 만드는 형태의 버슬스타일을 재현하였다.

• 슈미즈(Chemise) : 무릎길이의 슈미즈는 린넨이나 캠브릭으로 만들었으며 짧은 소매와 둥근목둘레에 트리밍으로 장식하였다. 유아들의 세례복과 형태가 비슷한데 콤비네이션의 등장으로 점차 그 수요가 감소하기 시작했다.

• 드로워즈(drawers) : 크리놀린이 유행된 후 일반화되어 1870년까지는 밑이 트였으나 후반부터는 막히게 되었으며 길이가 무릎정도였다.

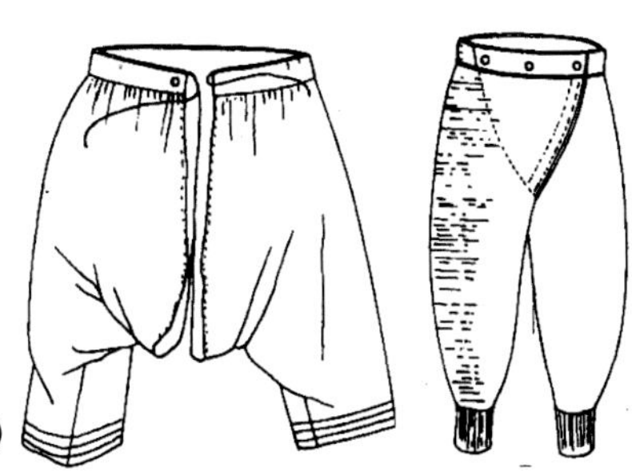
(이정옥 외 2명, 1999. p.364)

• 콤비네이션(combinaion) : 슈미즈와 드로워즈가 합해진 원피스 스타일로 하이네크(high-neck)의 긴소매 형태로 무릎정도의 길이로 앞이나 뒤에 트임을 주었으며 1878년에는 대중화되어 드레스 바로 아래에 입었으며 레이스 및 목부분의 리본 장식 등으로 장식성이 늘어나 화려해지면서 장식용으로 사용했다.

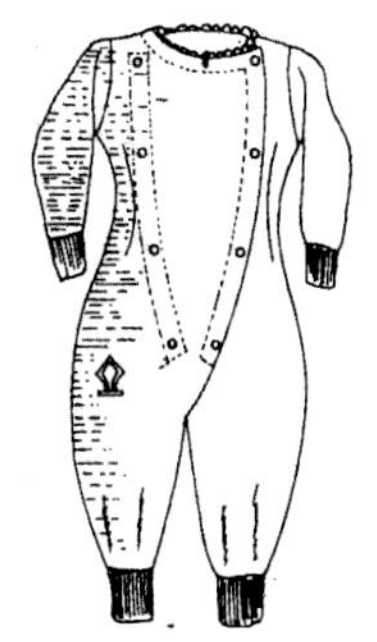

• 바스트 임프로버(브래지어) : 1880-90년사이에 가슴을 아름답게 하기 위해서 브래지어를 널리 착용했으며 1887년에는 캡을 철사로 만든 것이 등장하였으며 1890년초에는 면과 말털을 이용한 것이 나왔다.

1887년

1890년

• 코르셋(corset) : S자형의 실루엣을 형성하기 위하여 코르셋이 더 강화되었으며 길이가 전보다 더 길어졌으며 허리에서 힙까지 조여주기 위하여 고래힘줄, 철, 등나무로 형태를 유지하면서 앞에는 후쿠, 뒤에는 끈으로 조여서 입

었다. 앞이 납작하고 힙을 부풀리기 위해서 뒤가 짧은 스타일을 착용하였으며 1990년에는 프랑스의 싸로트 부인(Madame de Gaches Sarraute)이 바스끄를 직선으로 만들어 가슴에서 복부까지 평평한 실루엣을 유지할 수 있게 고안한 것이 인기를 끌기도 하였다.

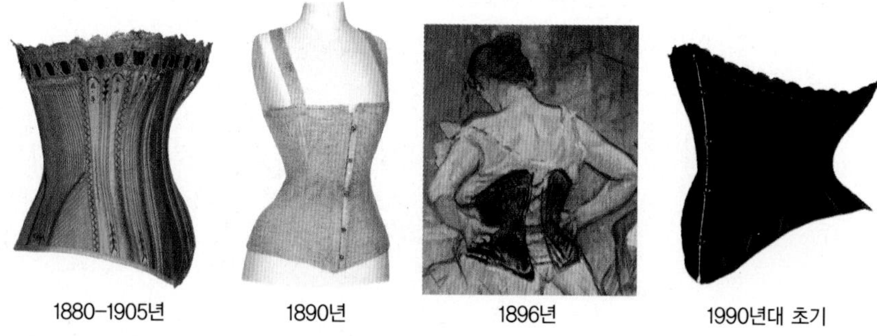

1880-1905년 1890년 1896년 1990년대 초기

• 버슬(Bustle) : 처음에는 패티코트에 삽입된 강철심이나 고래수염이었으나 점차 인기를 얻게 되면서 스커트뒷부분에 패드나 철사로 삼태기와 같은 형태를 넣어 뒤 힙부분을 불룩하게 돌출되게 하는 형태의 버팀대를 사용했는데 힙이 거의 90도 각도로 밖으로 튀어나올 정도의 실루엣을 만들었다. 페티코트는 실용적인 것과 부풀리기 위한 것, 장식적인 용도로 몇벌의 페티코트를 사용하기도 한다.

※버슬형태

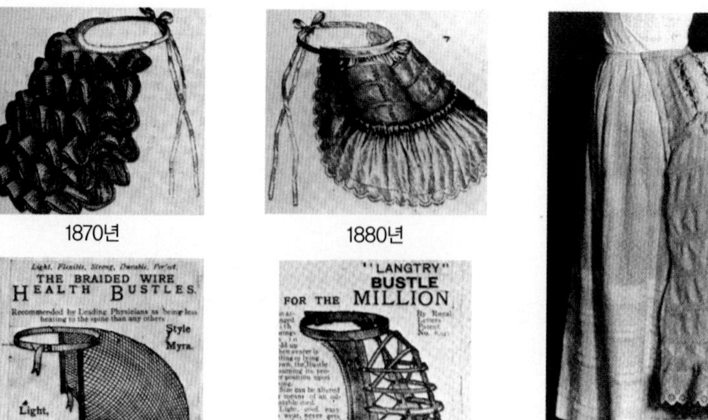

1870년 1880년 버슬스타일시대 버슬스타일시대 1884년

※버슬 페티코우트

1868년 1880년 1880년

1880년 1880년(정흥숙, 1999. P.333)

• 캐미솔(camisole) : 패티코트 바디스(petticoat bodice)라고도 불렀으며 레이스장식으로 네크라인의 형태와 종류가 매우 다양하였으며 여밈없는 캐미솔도 등장하였다.

• 나이트드레스(night dress) : 스탠드업 칼라에 주름잡힌 형태도 나타났으며 점점 더 화려하고 에로틱해졌다.

• 더스트 러플(dust ruffle) : 거칠게 짠 무명천에 풀을 세게 먹여 아코디언 주름이나 맞주름을 잡아 스커트 도련 안쪽에 시침해서 입었다가 더러워지면 다시 떼어내 세탁하는데 바닥에 끌리는 까운의 스커트도련에 더스트 러플을 대며 스커트의 더러움방지와 도련을 뻗치게 하는 패티코트와 같은 기능을 했다.

더스트 러플(정흥숙, 1999. P.333)

5) 현대복식

① 20세기 전기

1890-1940년 사이에는 속옷의 형태 및 소재, 아이템에 큰 변화가 생겨 코르셋과 란제리가 합쳐져 "언디(undies)"라는 신조어가 생겨났다. 1890년대의 일반적인 란제리 세트는 장식적인 슈미즈와 드로우즈 또는 컴비네이션, 멜빵이 달린 코르셋, 검정 스타킹, 캐미솔과 한 두 개의 페티코트였다. 그러다가 1914년 미국의 메리 제이콥이 드레스의 실루엣을 망치는 답답한 코르셋 대신 손수건과 리본으로 가슴 가리개를 만든 것에서 브래지어가 시작되었으며 1930년대에는 베스트와 니커스 또는 캐미니커스가 일반적인 란제리 세트였다. 1890년에서 1920년까지 계속 착용하였던 코르셋은 1921년 캐미-코르셋(cami-corsettes)으로 1928년에는 브래지어와 벨트 세트로 대체되었다. 19세기에 소개되어 1930년대에 비약적인 발전을 한 신축성 스트레치 소재는 속옷 분야에서 혁명적인 역할을 하게 되었으며 1950년대 나일론, 라이크라, 스판덱스와 같은 합성섬유가 대중화되면서 원피스 모양의 슈미즈에서 상, 하가 분리된 비키니 타입의 섹시한 속옷이 인기를 끌기 시작하였다.

1916년경에는 페티코트가 위로 연장되면서 어깨끈이 달린 슬립이 나왔으며

1917년경에는 코르셋 위에 착용하는 언더슬립인 새미니크스가 나왔는데 이것이 로우 웨이스트였으며, 지퍼를 사용한 코르셋은 1940년대에 나타났다.

■ 1890년-1900 (아르누보시대)

아르누보 운동으로 버슬의 심한 곡선이 부드럽게 흘러내리는 형태로 바뀌면서 전체적으로 날씬한 실루엣을 만들어 인체 선에 꼭맞는 바디스의 곡선을 표현하기 위해 바스트라인을 타이트하게 조이고 허리를 가늘게 조였다.

- **코르셋(corset)** : 1890년에 허리부터 힙까지 가늘게 정리되면서 배에 곡선이 아닌 직선의 바스크를 가슴에서 복부까지 평평하게 함으로써 가는 허리와 위로 떠올려진 유방의 과장된 실루엣으로 일명 S자커브로 만들었다.

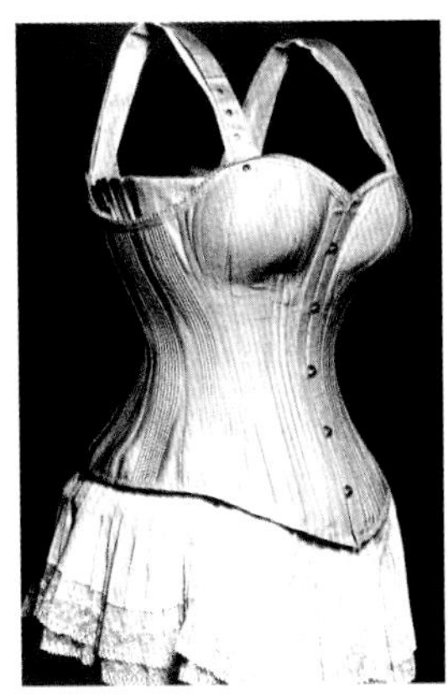

1890년(정흥숙, 1999. P.347)

1890년(정흥숙, 1999. P.346)

1890년(정흥숙, 1999. P.347)

■ 1910년대 (벨 에포크(Belle Epoque) 시대)

뽈 모아레와 당시 디자이너들에 의해 코르셋으로부터 해방시켜 브래지어를 만들어 냈다.1910년에는 Poiret의 디자인, 여성해방운동, 러시아 발레단의 공연, 아르데코 등의 영향으로 이상미는 H형으로 변화하여 풍만한 가슴, 다소 가는 허리, 좁은 힙을 을 강조하기 위해 가슴아래에서 무릎까지의 긴 원통형의 코르셋과 풍만하게 보이는 브래지어와 인공가슴을 착용하였으며 소재로는 면과 실크류에 강한 뼈대와 짧은 엘라스틱을 사용하였다.

이 시대의 속옷으로는 직선형의 어깨끈이 달린 단순한 형의 슈미즈, 다리에 꼭 맞으면서 다에 레이스를 장식한 드로즈, 컴비네이션, 몸의 압박을 줄이는 신축성 있는 코르셋, 통형의 단순한 호블 페티코트, 필수품이 된 브래지어 등이 널리 입혀졌다.

■ 1920년대 (아르데코(Art Deco)시대)

1920년대 코르셋(정흥숙, 1999. P.369)

보이쉬한 스타일의 기본에 몸의 곡선이 드러나지 않으면서 로우 웨이스트의 무릎길이의 튜블러한 직선 실루엣의 남성적인 스타일로 코르셋에서 벗어나 좁은 어깨, 작은 힙, 긴다리가 이상적인 미로 스트레이트 박스 실루엣을 만들기 위해 이전과 다른 코르셋과 브래지어를 사용하였다. 1920년대에는 전쟁후의 자유, 해방, 남녀평등을 주장하며 가슴, 힙, 허리의 곡선이 없는 보이쉬한 실루엣으로 직선의 박스 실루엣이 유행하였으며 끈으로 졸라매던 여밈이 훅여밈으로 대체되었다.

1차대전 후 기능과 실용성을 중시하는 디자인흐름이 유행하면서 속옷도 기능 중심으로 변화하여 속옷의 기본아이템이 필수품으로 자리를 잡았으며 1930년에는 파운데이션 가먼트라는 명칭으로 자리를 잡았다.

■ 1930년대

여성적인 실루엣을 나타내기 위해 탄력성 있는 소재로 만든 올인원, 업리프트(up-lift-style)스타일의 브래지어가 개발되었으며 투웨이 스트레치(two-way stretch) 파운데이션 등 새로운 속옷이 개발되었다. 1930년대에는 경제적 불황으로 인한 실업으로 여성의 가정생활이 권유되어 인체의 선이 드러나는 슬림 앤 롱 실루엣의 유연한 소재로 우아하고 자연스러운 인체선을 뻐대, 솔기, 여밈처리 없이 드러내고 있다.

■ 1940년대

제2차 세계대전 후 여성의 사회진출이 확산되면서 여성의 실루엣을 강조하는 형태에서 벗어나 활동에 편한 완만한 스트레이트형의 실용적인 것으로 변화되었다.

좁고 둥근 어깨, 불룩한 가슴, 가는 허리, 꽃처럼 활짝 펼쳐지는 A라인의 플레어 스커트의 실루엣을 위한 뉴룩이 발표되어 허리를 조이기 위한 코르셋과 브래지어, 스커트의 퍼짐을 위한 페티코트 등의 나일론, 레이온과 같은 인조섬유로 제작하였으며 끈 없는 브래지어가 나타나고 속치마나 팬티에 레이스를 장식하였다.

② 20세기 후기

1940-1990년대는 여성의 이상적인 인체에 많은 개념 변화가 일어난 시기로 건강에 대한 열풍과 함께 테니스와 걷기, 재즈댄스와 스트레치 클래스, 에어로빅과 다이어트 등 각종 운동을 통해 근육을 단련하는 운동 프로그램인 캘러네틱스(callanetics)가 선풍적인 인기를 끌게 되었다. 그에 따라 1950년에는 슬립과 팬티가 1980년에는 캐미솔, 슬립과 니커스, 짧은 탑과 탕가와 매치되었으며 1960년대에는 브라와 거들이 다른 소재와 색, 디자인을 조화시킨 언더웨어와 코디네이트 되었다. 항상 겉옷과 속옷은 같은 방향으로 같이 변화되며 색상 및 소재면에서도 함께 조화를 이루고 있는데 1960년대에는 라이크라로 인해 뼈대, 솔기, 여밈, 시접 없이 인체에 밀착하게 조절하며, 1970년대에는 열고정으로 몰딩한 한 장의 패턴으로 되었으며, 1980년대에는 가공방법이 다양해졌으며, 1990년대에는 첨단적인 기능이 첨가되어 시각보다는 촉각과 감성이 가미된 방향으로 발전하고 있다.

■ 1950년대

1950년에는 전후에 전통적인 여성의 역할을 강조하는 경향이 생겨 둥근 어깨, 큰 가슴, 조인 허리, 둥근 힙의 성숙하고 우아한 여성을 표현하기 위해 아우워 글래스 실루엣이 등장하였다. 원추형의 브래지어, 허리 조이는 코르셋과 풍성한 페티코우트를 나일론과 합섬들을 다양하게 혼방하였다.

1947년에는 몸의 형체가 그대로 드러나는 것이 트렌드여서 프로포우션이 중요한 요소로 등장하여 속옷이 더욱 중요시 되어 겉옷과 같이 발전하게 되었다.

합성섬유의 발명으로 나일론이 등장해서 패션의 혁명을 일으켜 스타킹, 슬립, 블라우스, 원피스, 심없이 뻗치는 페치코트 등이 만들어졌으며 1955년 앤 포가티(Anne Forgarty)의 작품 베이비 돌룩(Baby Doll Look)이 유행하여 다시 페티코트로 스커트를 부풀게 하기 시작했다.

■ 1960년대

1960년대는 베이붐 세대로 작은 가슴과 긴다리의 마른모습에 대한 미의식으로 미니스커트가 유행하고 바지를 즐겨 입으면서 패드 없는 브래지어와 짧은 팬티거들이 유행하였다. 강한 신축성과 탄성을 지닌 라이크라로 인해 모든 여밈과 뼈대, 솔기가 사라져 더 가볍고 자유로워졌다.[11]

미니에서 마이크로 미니 형태의 원피스는 허리선이 노멀 웨이스트, 로우 웨이스트, 하이웨이스트라인의 짧은 길이로 앞가슴의 노출이 사라지고 노출된 각선미 다리를 살리기 위해 타이즈가 나왔으며 스포티한 느낌을 주기 위해 거들이나 코르셋이 팬티 거들과 팬티 코르셋으로 대체되었다.

1965년 속옷은 노브라로 유방의 형태를 바꾸거나 위로 치켜올리지 않고 자연스러운 유방의 선을 나타내었다. 1960–70년대에는 여성운동과 저항문화, 미니스커트의 붐으로 인해 몸의 노출이 확대되었으며 여성의 몸을 조이던 과거의 코르셋, 브래지어, 거들에서 벗어나 노브라가 여성 해방의 상징물로 인식되었다.

■ 1970년대

1970년대는 여성해방, 히피운동 등으로 성적 특성이 제거된 자연스러운 인체가 유행되어 심지나 안감 없는 비구조적인 형태의 니트나 헐렁한 셔츠 등을 착용하여 속옷도 열가소성소재로 안감, 여밈, 솔기선을 제거하여 자연스러운 몰딩 브래지어나 거들을 착용하였다.

또 브라와 브리프는 슬립, 하프–슬립, 캐미솔, 코르셋(코르셋벨트), 바스크, 서스펜더 벨트와 완벽한 믹스 앤 매치를 할 수 있게 되었으며 1980년대에 이르러서는 스트레치 소재가 복잡 미묘하게 프린트되고 무늬나 자수가 가미되어 스트레치 레이스, 우븐, 니트, 라이크라 등의 직물로 발전되었으며 이러한 직물은 캐미니커스, 테디(teddies), 바디스를 발전시켰다.

■ 1980년대

포스트모더니즘의 영향으로 피트니스에 관심이 집중되어 파워수트나 건강미가 중시되면서 경향으로 넓은 어깨, 풍만한 가슴, 강조된 허리선, 작고 올라간 힙, 긴다리의 바디콘서스로 여성인체를 강조하게 되었다. 따라서 날씬하면서 가슴이 큰 것이 이상미로 겉옷은 아우워 글래스 실루엣으로 인체곡선을 강조하였고 속옷은 가슴을 강조하여 올려주는 푸시업 브라와 가는 허리, 편평한 복부, 올라간 힙, 날씬한 다리를 만드는 콘트롤 타이즈가 새로 등장하였다.

1980년대에는 여성 특유의 아름다움을 재발견 할 수 있는 페니미즘과 연결되어 속옷을 개성표출의 한 방식으로 새롭게 인식하게 되었다. 뉴욕의 갤빈 클라인을 선두로 이브생 로랑, 지방시 등 프랑스 디자이너뿐만 아니라 이탈리아의 조르지오 알마니 등이 독창적이고 개성적인 언더웨어 컬렉션을 선보였으며 1988년 장 폴 고티에는 팝 스타 마돈나의 의상을 디자인함으로써 속옷의 겉옷화를 유도하여 란제리룩을 유행시켰다.

원래 속옷은 눈에 띄지 않는 것이었으나 1970년대 이후 성해방으로 인해 여성들이 점차 개방되어 속옷의 패션화가 성적 행동의 캐쥬얼화를 가져오면서 급속도로 변화하기 시작했다. 그 예로 1900년 영국의 유명한 상점인 리버티(Liberty)는 헐렁하고 편안한 전통적인 선의 심미적인 드레스를 선보였으며 1907년 프랑스의 폴 포와레(Paul Poiret)는 코르셋 없는 드레스로 속박받는 코르셋으로부터 해방시켜 인위적인 제약을 제거한 최초의 디자이너로 그로부터 현대속옷 패션이 시작되었다고 할 수 있다.

일반적으로 여성속옷은 정치, 경제, 사회, 문화의 영향을 받으며 변화, 발전해왔으며 특히 여성의 사회활동 참여와 밀접한 관계가 있음을 볼 수 있다. 사회생활이 적은 경우에는 미를 강조하는 보정용이 발달하고 사회참여가 확대됨에 따라 내의가 축소되고 노출부위가 많아지면서 활동하기 편리한 실용성 위주의 속옷이 등장하였다. 여성성이 강조되는 시기에는 가슴, 허리, 힙의 인체곡선을 중시하여 성적인 면을 부각시켰으나, 여성성을 거부하던 시대에는 여성의 자연스러운 곡선미를 거부하는 직선적인 실루엣으로 나타나고 있다. 그 예로 1910년 여성참정권

운동이 여성해방을 촉진하는 계기가 되었을 때 조이던 코르셋은 느슨해졌으며 제1차 세계대전 이후에는 전쟁복구작업 참여로 비실용적인 페티코트는 활동적이고 자유로운 슬림의 유니폼으로 변화되었다. 또 제2차대전 후에 란제리가 출현하고 여성들 스스로 신체조절이 가능해지면서 스커트의 길이가 짧아지고 거들이 사라졌다. 또 스포츠에 대한 관심과 참여, 여행, 교통의 변화 등으로 인해 이너웨어의 새로운 방향이 만들어져 다리의 노출이 시작되면서 바지 안에 입는 속옷인 드로워즈나 블루머가 등장하게 되고 1910년대 테니스, 골프, 승마 등의 스포츠 활동이 확대되면서 스포츠코르셋이 나타났다.

서양 속옷이 오늘날과 같은 디자인의 팬티, 드로우즈, 코르셋, 브래지어 등으로 자리를 잡은 것은 두 차례의 변화를 통해서이다. 첫 번째는 패션이 속옷 영역까지 확대되어 백색의 개념에서 색과 무늬가 도입된 유색화 경향이고 또 다른 하나는 1970년 이후 미니스커트의 유행으로 속옷이 복부전체가 아닌 최소한의 은밀한 부위만을 덮는 최소화 경향이다. 그러나 무엇보다도 가장 중요한 여성 속옷의 변화요인은 그 시대의 패션 흐름이며 그에 맞추어 인체를 변화시키려는 여성의 노력은 오늘날에서 꾸준히 이루어지고 있다.

(2) 우리나라 속옷의 변천

우리나라의 전통 복식은 관모, 저고리, 띠, 두루마기, 바지, 치마, 버선, 신의 기본구조에서 시대적으로 조금씩 형태의 변화를 거치면서 오늘날까지 이어져 내려왔다.[12]

여자의 상의속옷은 속저고리, 속적삼, 가리개용 허리띠가 있고 하의속옷으로는 너른바지, 단속곳, 속바지, 속속곳, 다리속곳의 바지류와 무지개치마, 대슘치마의 치마류가 있다.[13]

남자의 상의속옷으로는 저고리 속에 입은 소매짧은 속적삼이나 땀이 스며나오는 것을 방지한 삼베나 대로 성글게 만든 등거리를 입었으며 하의속옷으로는 바지 속에 목면이나 삼베로 만든 속고의나 무릎길이의 잠뱅이를 받침옷으로 입었다.[14]

1) 삼국시대

고대국가로의 발전단계로 신분제도가 확립되었으며 한대성의 북방 호복계통으로 상의의 유와 하의의 치마와 바지로 구별되었으며 겉옷으로는 포가 있었다. 상의의 속옷으로는 백삼으로 겉옷 소매보다 길고 넓어 올려 입거나 손을 보이지 않게 내려 입었으며 하의의 바지의 경우에는 남자는 겉옷으로 여자는 속옷으로 겸용해서 착용하였다.

시녀공양도(무용총): 여자의 속옷 바지가 보임

고구려의 무용총 벽화: 상고시대의 여자바지의 착용이 보여짐

시녀도 (수산리벽화): 곡령의 속옷을 착용한 고구려부인의 모습

인물도(쌍영총):고구려 여인의 치마, 저고리로 속저고리의 소매가 손이 보이지 않을 정도로 길고 폭이 넓음

2) 통일신라시대

통일신라시대의 일반여성은 삼국시대의 것을 그대로 착용하였으며 신분에 따라 당제복식를 입는 이중구조를 이루었는데 저고리위에 치마를 하이웨이스트로 올려 입어 허리를 묶고 그 위에 표를 두르거나 치마에 어깨끈을 달아 가슴위로 당겨 올려 입는 것이 보편적이었다. 속옷으로는 가슴의 노출을 막기 위해 저고리 속에 받쳐 입은 직령 또는 곡령형태의 속저고리를 입었다.

토용: 상의 위에 치마를 입고 표를 두른 여인의 모습(통일신라 용강동 돌방무덤)

3) 고려시대

고려초기에는 당, 송제를, 중기에는 몽고, 그리고 말기에는 명 등 주변국의 영향을 받아 변화되었으며 겉옷으로는 표의를, 중의로는 자의 속에 소매가 길고 수구가 좁은 속옷을 입었으며 여자들은 겉치마의 퍼지을 위한 여러 개의 치마를 단선군이라는 속치마와 고쟁이와 같은 바지를 속옷으로 착용했음을 추측할 수 있다.

중의

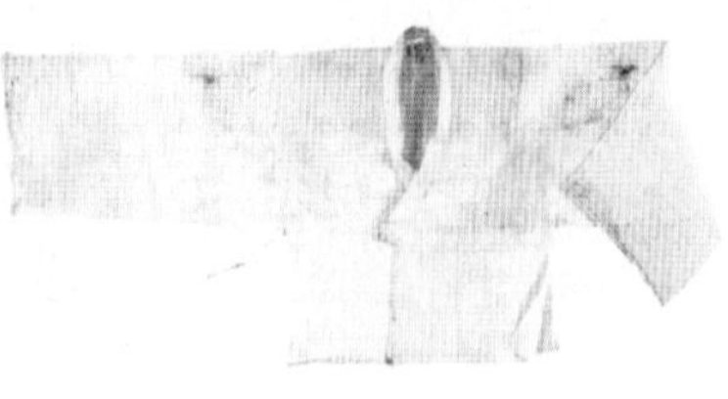

모시적삼

4) 조선시대

건국초부터 중국 명제를 따라 복식제도를 제정하고 관혼상제를 도입하여 고유의 독창적인 양식을 만들어 이전과 다른 다양한 변화가 나타났다. 속옷으로는 상의의 경우 가슴싸개(가리개용 허리띠), 속적삼, 속저고리를 하의의 경우에는 다리속곳, 속속곳, 속바지, 단속곳 등이 있으며 치마형태 보완을 위한 무지기치마와 대슘치마를 입기도 하였다. 유교사상에 의해 신체노출을 꺼려 여자들이 삼작저고리라 하여 가장 속에 속적삼, 그 위에 속저고리를 입은 다음 저고리를 입었으며[15] 조선 후기에 들어 오늘날의 한복형태와 같이 저고리형태로 짧아지고 치마가 가슴까지 올라가고 둔부를 풍성하게 하는 스타일로 변화되었다. 여자의 경우 상의는 속적삼, 속저고리, 저고리의 순으로 입었으며 짧은 저고리로 인해 가슴과 겨드랑이 사이를 감싸주는 가리개용 허리띠와 풍성한 치마형태를 위해 다리속곳, 속속곳, 단속곳, 속바지, 너른바지의 순으로 겹겹이 입었으며 여성의 속옷은 빈부나 계층, 계절에 따라 조금씩 생략하여 착용하기도 하였다.

우리나라의 전통적인 속옷착용의 특징은 흰색과 여러 개를 겹겹이 껴입는 풍속에 있으며 옷세탁 시에 상, 하의 및 속옷과 겉옷, 남성과 여성, 어른과 아이 등의 것을 따로 구분해서 세탁하는 것을 예의로 생각하였다.(조효순, 1989) 옷을 일일이 뜯어 빨아야 했기 때문에 시간이 많이 걸렸고 면의 사용이 많아 잿물에 삶아 두드리는 경우가 많았으며 모시, 삼베, 명주의 경우에는 시원한 촉감을 위하여 푸새처리하는 것이 기본이었다.

① 저고리

- **속적삼** : 가장 속에 입는 위생적인 목적의 홑저고리로 저고리와 같은 형태로 매듭단추로 여몄다.

- **속저고리** : 속적삼 위, 저고리 밑에 입는 것으로 저고리보다 길이가 짧고 품이 작으며 좁고 짧은 옷고름으로 앞깃 속에 넣어 보이지 않게 하였으며 보통 겹으로 만들어지는 형태는 저고리와 동일하였다.

• **가리개용 허리띠** : 조선말에 등장한 치마와 짧아진 저고리사이의 겨드랑이 밑을 가리기 위한 넓은 띠로 여름에는 홑으로 겨울에는 솜을 누벼 만들었으며 개화기 이후 저고리길이가 길어지고 내의가 들어오면서 사라졌다.

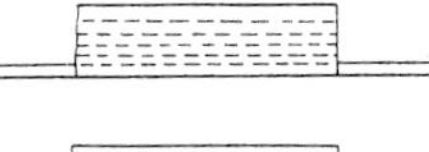

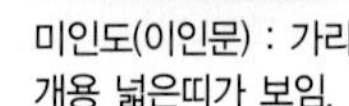

미인도(이인문) : 가리개용 넓은띠가 보임.

봄나들이 장면(신윤복)

② 바지

일반적으로 상고시대부터 남녀 모두 바지를 입었으며 남자는 겉옷으로 입는 반면에 여자들은 치마 밑에 입는 속옷으로 자리잡았다.

두루치(신윤복), 귀천에 상관없이 속옷을 입은 모습이 보임 (조효순, 1995, P.223)

• **다리속곳** : 현재의 팬티와 같은 것으로 가장 속에 입은 것으로 긴 옷감을 허리에 달아 가랑이 사이로 입는 목면으로 만든 속옷이다.

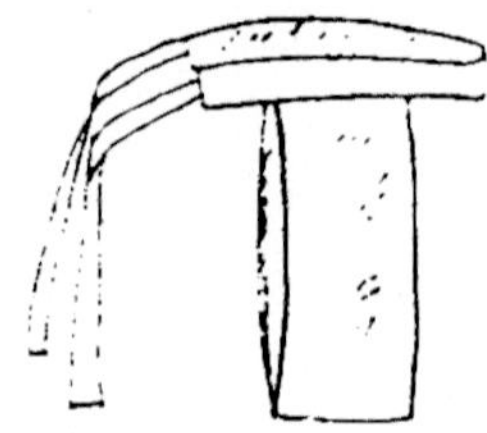

• **속속곳** : 다리속곳 위에, 속바지 밑에 입는 것으로 단속곳과 같은 형태로 위생과 보온의 역할로 만들어진 밑이 막힌 통 넓은 바지로 허리왼쪽에 끈으로 여미는 형태로 명주나 목면으로 만들었다.

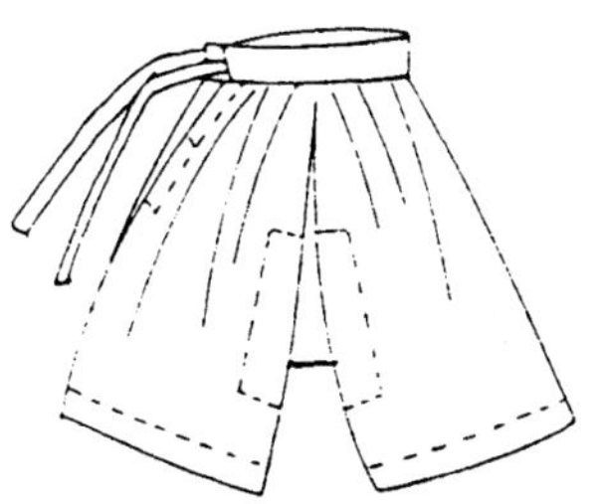

• **속바지** : 속속곳 위에, 단속곳 밑에 입는 것으로 신분 및 남녀노소의 구별 없이 착용하였다. 용변시의 편리성을 고려하여 밑의 트임을 주었으며 가랑이가 좁지만 속속곳보다는 크고 긴 형태로 계절에 따라 홑바지, 겹바지, 누비바지, 솜바지 등 다양하게 만들어졌다.

단오풍경(신윤복)

• **단속곳** : 속바지 위에, 치마 밑에 입는 마지막 속옷으로 속속곳과 비슷한 형태이다. 속바지보다는 길고 치마보다는 짧은 길이로 겉으로 드러나는 속옷이므로 고급스러운 소재를 사용하였으며 주로 흰색이나 엷은 색으로 계절에 따라 옷감을 다양하게 선택하여 사용하였다.

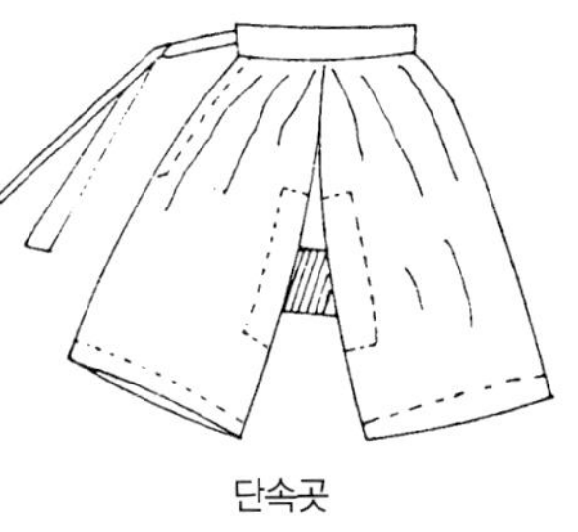

단속곳

명주단속곳(조효순, 1962년)

야금모행(신윤복) : 짧은 저고리와 단속곳이 보임

• 너른바지 : 상류층의 정장용 속옷으로 단속곳 위에 치마의 부풀림을 위해 착용하는 통이 넓고 밑이 막힌 바지이다.

너른바지

명주너른바지(1700. 김재호)

③ 치마

상류층과 왕족이 사용하였으며 다 갖추어 입은 치마는 종모양의 실루엣을 만들었다.

• 무지개치마 : 상류층이 입는 오늘날의 페티코우트와 같은 형태로 허리에서 무릎까지를 부풀렸다. 한 허리에 색상과 길이가 다른 12폭의 모시를 주름잡아 만든 것으로 신분과 용도에 따라 무지개의 층을 3합, 5합, 7합으로 만들었다.

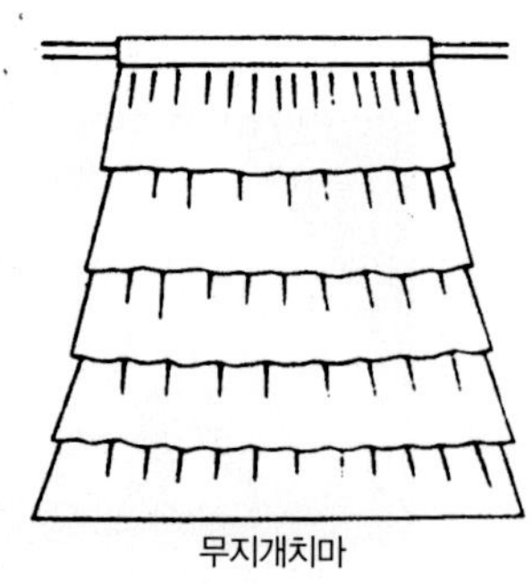
무지개치마

무지개치마(유희경, 1997, P.336)

• 대슘치마 : 궁중에서 입는 특별한 용도의 속치마로 12폭의 모시에 밑단에 3-4cm넓이의 백비를 달아 아랫단을 퍼지게 하여 겉치마의 아랫단을 자연스럽게 퍼지도록 부풀렸다.

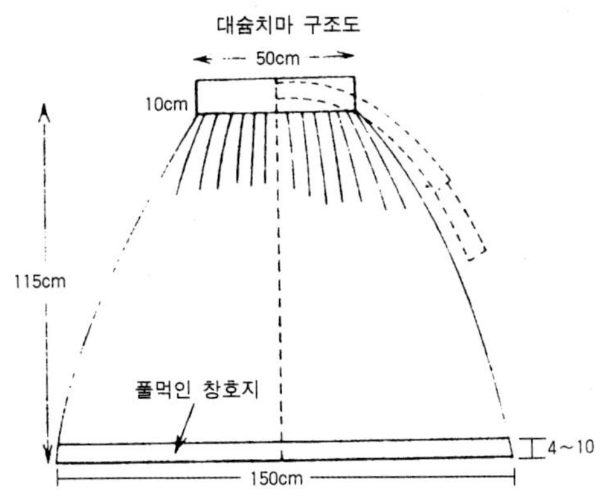

5) 개화기 이후

1884년의 갑신정변을 계기로 한복의 간소화와 양복의 착용[16]이 이루어져 속적삼은 시미즈로 다리속곳은 팬티로, 속바지는 블루머로 단속곳은 속치마로 대체되었으며 신여성의 짧은 통치마와 긴저고리의 스타일과 일반여성들의 긴치마와 짧은 저고리 스타일이 병행되었다. 그러다가 1912년 이화학당 여학생들이 치마에 어깨허리를 단 현재의 속치마의 효시가 된 것이 등장하였으며 양복착용이 늘어나면서 신여성들이 짧은 치마 속에 사루마다라는 블루머와 개량어깨허리끈의 속치마를 입었으며 긴치마를 입는 여성들도 사루마다와 속바지, 단속곳을 착용하기도 하였다.

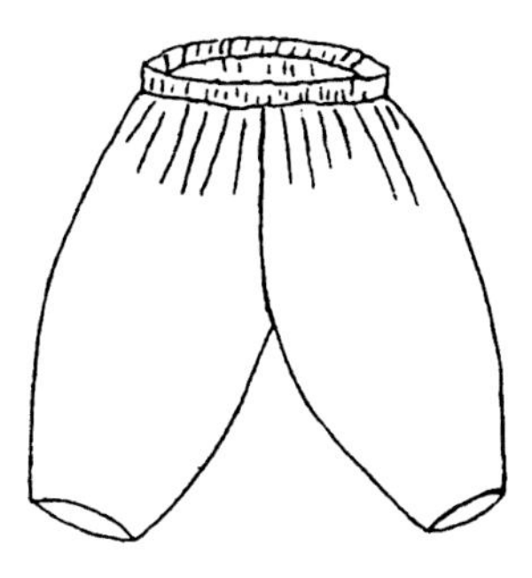
개항기이후의 개량바지(여)

어린이들의 치마 저고리 입은 모습

주미공관의 한국여인들
(1889년)

***살창고쟁이** : 1930년대에 착용한 추정되는 경북지방에서 발견된 여름용 여성속옷 바지로 한쪽다리의 허리부분에 5-7개정도 직사각형으로 잘라내고 곱게 감친 후 남은 부분을 허리말기에 달아 뒤트임을 한 독특한 형태를 띠고 있다.

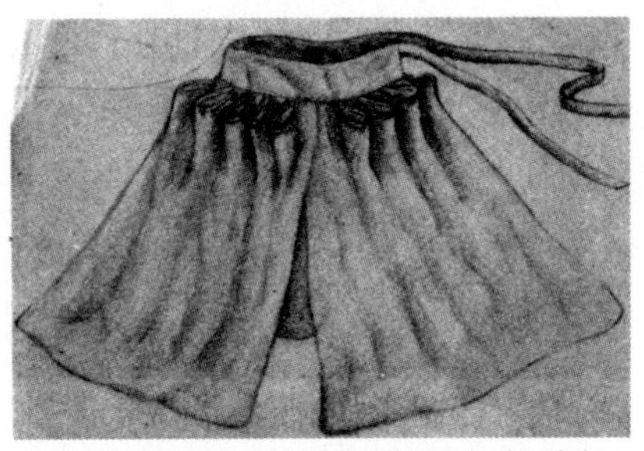
안동지방의 민속복 살창고창주의(조선말 섯주선박물관 소장)

살창고창주의(조효순 복원품)

6) 현대

1950년대 후반에 한복과 양복의 비율이 거의 같아지게 되었고 1960년대 중반 이후 일상복을 양장으로 예복을 전통한복으로 입는 것이 보편화되면서 기능성을 살린 양린 속옷이 등장하였다. 1960년대에 어깨끈허리의 치마에 앞여밈을 단추나 끈으로 달기 시작하였으며 치마가 전통적인 항아리형에서 A-라인으로 변화되었으며 이에 따라 페티코우트도 굵은 망사로 주름을 잡고 2-3단정도 돌려서 덧붙였으며 속바지는 허리에 고무줄을 넣어 간편하게 만들었다. 오늘날 팬티 이외에 전통적인 속옷은 거의 입지 않으며 다만 의례용으로 밑과 뒤가 막힌 실용적인 속바지를 입기도 한다.

① 속옷의 서양화 : 1890-1959

1894년 갑오경장을 계기로 서양복식이 도입되면서 겹겹이 인체의 곡선 없이 넉넉하게 입던 정적인 실루엣에서 간단하고 활동적이며 동적이면서 인체라인이 들어가는 서구적인 미의 기준이 가미되기 시작했다.

치마 저고리(1930년대)

해방후의 여대생의 차림(1950년대)

② 속옷의 기성복화 : 1960-1969

1954년 속옷공장의 설립으로 기성복화가 이루어졌으며 속옷에 대한 광고가 이루어지고 1960년대에는 브래지어가 보편화되었으며 흰색을 위주로 한 위생의 개념이 강조된 기본적이고 단순한 디자인이 사용되었으며 편리함과 활동성위주의 서구적인 미에 대한 관념이 정착된 시기이다.

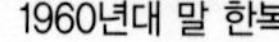

1960년대 말 한복

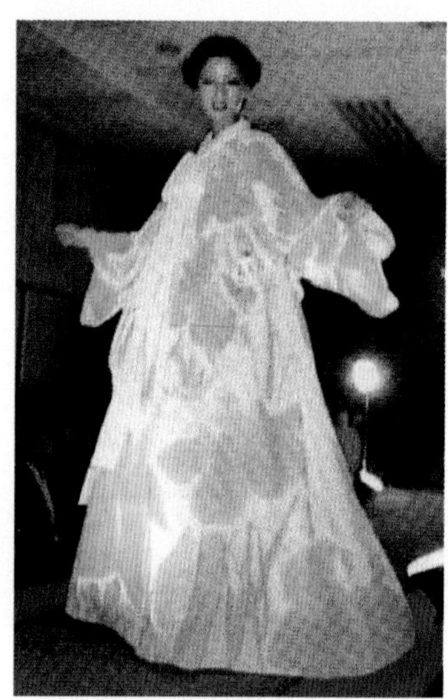

1970년대 한복(디자인:백영자)

③ 속옷의 다변화 : 1970-1979

흰색 위주에서 탈피하여 다른 색과 패턴의 디자인의 다양화가 시작되었으며 여성들의 의식이 개방되어 몸의 곡선을 감추는 것에서 탈피하여 인체라인을 아름답게 노출시킬 수 있는 속옷으로 전환되어 사이즈가 몸에 밀착되게 작아졌으며, 가슴과 허리를 강조한 서양미의 디자인이 보편화되었다. 다양한 색과 소재의 발전과 함께 인체에의 밀착화, 미니화, 경량화 현상이 가속화되었는데 패션화의 초기로 볼 수 있다.

④ 속옷의 패션화 및 기능화 : 1980-1989

속옷에 대한 미의식이 일반화되고 스포츠와 건강에 대한 관심의 확산과 함께 기능성이 강조되고 여성의 활발한 사회진출로 인해 남녀평등의 의미가 생기면서 단순하고 활동적인 캐쥬얼한 남녀 구분이 없는 단순한 디자인이 유행하였으며 속옷이 개인의 미적개념이 포함된 패션아이템으로 자리를 잡았다.

⑤ 속옷의 탈개념화 : 1990-현재

일반적으로 속옷의 기본 개념이 파괴되면서 개성을 중시하는 경향과 함께 속옷의 겉옷화, 노출의 극대화 및 기능성의 유행으로 고급화, 다양화, 명품화되었다.

우리나라에서 여성속옷의 기본인 브래지어와 팬티라는 개념이 정착된 지는 그리 오래되지 않는다. 1970년대의 내의의 시대를 거쳐서 1980년대의 예쁜 레이스의 란제리를 선호하면서 1990년대 들어 속옷의 시장이 급속도로 확대되었다.

예전의 위생적이고 편안한 기능에서 점차 아름답고 기능적이면서 고급스런 이미지를 찾는 소비자의 요구가 늘어나면서 속옷이 겉옷의 보조적인 역할의 범위를 넘어 대등한 관계로 자리잡게 되었다. 따라서 현대에는 기능에 상관없이 커플팬티, 야광팬티, 비치는 속옷, 재미있는 캐릭터 속옷 등 젊은이들이 선호하는 디자인이 등장하고 속옷이 감추어지는 것에서 완전히 탈피하여 패션의 아이템으로 자리 잡아가고 있다.

(3) 우리나라 전통속옷과 현대속옷

전통속옷과 현대속옷은 겉옷의 형태에서부터 크게 차이가 나는 것을 볼 수 있으며 기본 실루엣을 비롯하여 착용시 인체에 밀착되는 여유분의 정도 및 그에 따른 옷의 이미지, 착용방법, 사용하는 색과 소재등에서 다르게 나타난다.

1) 전통사회의 속옷문화의 특징

속옷에 대한 폐쇄적인 사고로 남녀 모두 속옷이 평면구성의 여유있는 넉넉한 형태로 겹겹이 겹쳐 입어 인체의 선을 드러내지 않고 감추는 것이 기본이었다.

또 여성의 경우에 상체를 가능한 한 작게 축소하고 하체의 실루엣을 크게 확대시킴으로서 하의를 부각시킨 것은 여성의 매력을 출산과 결부시켰다는 점이며(김미영외 명, 1998) 그 밖에도 신분계층과 경제력에 따라 속옷에 사용된 소재 및 입는 속옷수가 달랐다는 점을 들 수 있다. 또한 주름과 무등을 사용하여 품이 넉넉하여 여유가 많아 통기성이 좋으며 끈여밈으로 입고 벗기에 좋으며 백색이 주를 이루며 전통염색에 의한 파스텔톤의 색상을 사용하였으며 소재로는 면, 모시, 실크등의 천연섬유를 사용하여 위생적이다.

2) 현대사회의 속옷문화의 특징

속옷에 대한 개방적인 생각으로 입체구성으로 신체에 피트되게 입음으로서 인체라인을 직접적으로 드러내는 것이 가장 큰 특징이며 기능에 따른 속옷의 간소화와 다양화 및 세분화, 패션화경향에 따라 전문적이고 대중적인 홍보의 광고가 늘어나면서 겉옷화 되고 있는 추세에 있다. 또 현대에는 겉옷에 맞추어서 색이 다양해져 화려하고 원색적인 칼라들이 등장했으며 소재로는 편안하고 신축성있는 것을 선호하여 면, 스판덱스, 나일론, 실크, 폴리에스테르외에도 다양한 신소재들이 등장하고 있다.

3) 전통과 현대의 속옷문화에 내재된 의미의 차이점[17]

1. 여성의 사회적인 역할과 지위향상으로 인한 변화로 여성미가 전통사회에서는 상체의 축소(가슴의 유방을 조여줌)와 하체의 확대(힙의 부풀림)라면 현대에서는 상체를 확대(브래지어로 가슴을 확대, 볼륨업)하고 하체를 조이고 축소(거들로 하의를 압박)하는 것으로 나타난다.
2. 속옷은 패션트렌드에 따른 겉옷의 실루엣의 영향을 받으며 전통사회의 체형감추기에서 현대사회는 체형드러내기(불만족한 체형을 교정하여 미를 표현)로 적극적인 표현으로 속옷의 기능이 변화되었다.
3. 성에 대한 인식의 변화로 속옷이 기존에 타인을 배제한 가족관계만의 사적인 영역에서 현대에는 친구나 외부인에게 선물하는 것이 늘면서 그 범위가 확대되었다.
4. 속옷의 연상이미지가 성과 연관되어 변화되어 사적인 영역에서 공적인 영역으로 확대됨에 따라 개인적이고 은밀한 성이 일상적이고 캐쥬얼한 것으로 인식이 변화를 가져왔다.
5. 속옷의 관리에서의 남녀역활의 변화로 예전에는 관리 및 세탁이 주로 여성이었다면 현대에는 본인자신에게 있다는 것으로 성에 대한 태도의 변화를 볼 수 있다.

속옷의 기능

1. 위생 및 신체보호의 기능
2. 겉옷 실루엣의 형태유지 및 인체보정기능
3. 성적표현기능

속옷의 기능

속옷은 겉옷이 지닌 장식적, 심리적 기능 이외에도 땀이나 분비물을 흡수하여 항상 신체를 청결하고 쾌적한 상태로 유지하는 것과 겉옷이 직접 피부에 닿는 거친 촉감을 없애주는 위생적인 목적의 기능과 겉옷의 실루엣형태 유지를 위해 인체를 보정해주거나 변형시키는 기능, 인체의 특정한 성적부위를 장식화하거나 강조하여 흥미를 주는 성적표현의 기능 등이 있다. 그 중에서 최근의 속옷은 본래의 기본적인 위생과 신체보호의 기능보다는 체형보정과 의복의 형태유지, 성적인 표현 등의 장식적인 기능이 강조되고 있다.

1. 위생 및 신체보호의 기능

속옷은 흡습, 투습, 보온을 잘 조절하여 피부가 정상적인 상태를 유지하여 쾌적함과 편안함이 느껴지도록 기본적인 온도로 유지시키려는 기능을 지닌 제2의 피부라 할 수 있다. 따라서 속옷은 겉옷으로부터 피부를 보호하고 피부의 분비물을 흡수함으로써 신체의 청결을 유지해준다. 18세기 전까지 신체의 청결은 중요하게 생각되지 않았으나 엘리자베스시대에 들어서면서 의복 재료가 다양해지고, 18세기 말엽의 Mararonis(화려하고 지나치게 옷치레를 한 영국의 멋쟁이에 대한 애칭)가 신체의 위생에 큰 관심을 기울이기 시작하면서 빅토리아 시대에는 청결이 계층을 구분하는 상징이 되면서 속옷에 변화가 나타나기 시작했다. 1차 대전까지 상류층에서는 의복이 피부에 직접 밀착되는 것을 싫어했지만 이러한 경향이 약화되면서 오늘날에는 피부에 직접 밀착되게 바지를 착용하고 있다.

여성은 대개 비활동적이고 겉옷의 재료가 얇기 때문에 보온을 위해 남성에 비해 더 많은 속옷을 입어왔다. 19세기까지 남성은 다리 부분에 의복을 착용한 반면 여성은 스커트 속의 다리 부위에는 의복을 착용하지 않았다. 남성은 두툼한 겉모습을 연출하기 위해 상체에 의복을 많이 껴입었으나 여성은 반대였다. 여성의 속옷은 주로 여성 신체의 아랫부분을 덮어왔으며 모직으로 된 섬유가 린넨이나 면보다 따뜻하지만 대개 린넨이나 면을 착용하였다. 반면 남성은 다리를 자유롭게 사용하기 위해 여성과 반대의 경향을 보여 왔다. 보온 목적은 남성보다 여성에게 더 많은 영향을 미쳤지만 속옷의 양은 제1차 세계대전 이후부터는 상당히 감소하였다.

2. 겉옷 실루엣의 형태유지 및 인체보정기능

여성복의 겉옷의 형태는 남성복에 비해 매우 다양하고 복잡하므로 그의 영향을 받아 속옷에서도 여성의 것이 남성의 속옷보다 훨씬 더 다양하고 변화가 많았다. 패션의 유행에 따른 미의 관념으로 인해 겉옷의 독특한 형태를 유지하기 위하여 속옷의 형태를 만들어 입음으로써 더욱 장식적인 실루엣을 유지할 수 있었을 뿐만 아니라 때로는 속옷에 대한 추측과 호기심을 불러 일으켜 속옷의 구조에 대한 신비감을 만들어내기도 했다.

아름다운 인체라인을 갖고자 하는 여성의 노력은 시대에 상관없이 존재하고 그런 이상적인 체형을 만들거나 유지하기 위하여 속옷을 착용한다. 체형보정을 위해 지나치게 신체에 압박을 주는 잘못된 속옷을 착용하는 것은 체형의 변형을 가져올 뿐 만 아니라 스트레스나 건강 장애의 원인이 될 수 있으므로 알맞은 사이즈를 선택해서 착용하는 것이 매우 중요하다.

3. 성적표현기능

속옷은 노출보다 감추면서 노출된 듯한 모습이 상상을 유도하는 측면에서 더 성적인 효과를 자극하는 매력을 갖고 있다. 그런 의미에서 겉옷보다 속옷은 아주 개인적이며 은밀한 비밀스러운 것으로 인체선의 미를 자연스럽게 표현함으로써 성적인 내적 욕구를 가장 잘 표현한 원초적인 매개체라 할 수 있다.

인체의 성적인 부위를 상징화하여 흥미를 유발시키기 위해 의복이 사용되기도 한다. 속옷과 관련된 선정주의는 상당히 변화되었으며, 수세기 동안 페티코트란 용어는 성에 대한 동의어로 사용되면서 여성 매력의 상징으로 로맨틱하게 여겨졌다. 성적인 상징물(화살, 하트 등)이나 특이한 색상으로 디자인된 속옷도 이런 범주에 속한다. 선정적인 면을 나타내는 여성속옷으로 가장 오래된 것은 코르셋이다. 코르셋은 여성의 허리를 가늘게 하고 가슴을 강조하여 성적 매력을 나타낸다. 남성도 허리를 가늘게 하고 넓은 어깨선을 강조함으로써 남성미를 나타내는데 코르셋을 사용하기도 했다. 지난 6세기 동안 여성의 육체적 매력을 강조하기 위해 버슬(bustle). 인조가슴, 후프(hoop)와 현대의 브래지어(brassiere)와 같은 인공적인 기구들이 고안되었다.

속옷의 기능에 변화가 나타난 것은 패션화가 가미되는 1980년대부터이며 1990년대부터는 신체가 주요한 관심이 되면서 성에 대한 개방적 사고가 형성되어 기본적인 기능보다는 형태교정과 개성 및 성적매력을 표현하는 수단으로서의 기능이 강화되고 있다고 할 수 있다.

최근 국내 속옷에 대한 현황

1. 최근 속옷의 특징
2. 속옷의 산업현황

최근 국내 속옷에 대한 현황

최근 여성들의 의식이 아름답고 볼륨 있는 건강한 인체를 표현하는 방향으로 변화하고 여성의 사회적 활동이 확대되면서 속옷의 디자인과 기능성이 중요하게 부각되고 있다. 그에 따라 피트되는 스트레치성 소재가 유행하게 되고 몸의 덮는 부분이 대폭 축소되었으며, 속옷을 감추는 것에서 과감하게 드러내는 추세에 있다. 또 디자인면에서는 장식적인 것과 단순한 것이 동시에 나타나고 있으며 패션성이 점점 더 가미되면서 점차로 겉옷과의 구분이 없어져가고 있다.

따라서 겉옷의 패션트렌드에 따라서 속옷도 확실한 컨셉에 맞추어 디자인 및 소재, 색을 정하고 독특한 아이템을 개발하는 것이 중요하게 되었다.

속옷의 최근경향은 위생성과 피부에 대한 저자극성 및 착용감을 향상시킨 기능성 이너웨어가 개발되고 계절별에 따른 착용감 향상을 위한 소재의 확산이 이루어지고 있다. 또 노출패션으로 인한 속옷의 겉옷화 경향과 소비자를 위한 맞춤 속옷과 이상적인 몸매를 원하는 여성의 보정 욕구에 맞추어 패션성이 가미되고 있다.

1. 최근 속옷의 특징[18]

최근 속옷의 특징은 기능성 및 쾌적성 그리고 환경 친화적인 천연염색의 속옷들이 늘어나고 있으며 여가생활의 확대로 인해 속옷의 겉옷화 현상이 나타나면서 다양한 소재와 컬러 및 디자인 등으로 속옷의 패션성이 강화되는 추세에 있다.

여성복식에 나타난 속옷패션의 특징을 살펴보면 패션의 에로티시즘을 강조하여 성 자체를 강하게 표현하려는 욕구가 나타나고 있으며 소재와 기술의 발달로 속옷이 고급화, 대중화, 다양화되고 여성의 사회적인 지위가 확립되고 확대되면서 소재의 파괴와 구조의 노출이 시도되는 등 기존의 틀에서 벗어나기 시작했다.

(1) 기능성 속옷의 활성화

최근에는 이상적인 바디라인 즉 S라인이 강조되면서 모든 이너웨어가 그에 초점을 맞추어 기능성이 확대되어가고 있다. 여성이 이너웨어의 기본적인 위생성과 쾌적한 착용감에 풍만한 가슴, 가는 허리, 세이프업된 히프와 매끈한 다리 등을 표현하고 싶어하므로 이를 보정할 수 있는 기능적인 상품이 크게 부각되고 있다.

이런 기능성을 강조하기 위해 기능성소재의 개발과 체형보정기능이 강화되고 있다. 우선 소재 개발 면에서는 봄과 여름에 땀을 잘 흡수하고 신속하게 수분이 제거되는 흡한속건소재를, 가을 · 겨울에는 가볍고 보온이 잘되는 소재를 사용하고 있으며, 체형보정기능면에서는 올인원, 거들, 브라, 니퍼 등의 보정을 위한 다양한 화운데이션이 크게 늘어나는 추세에 있다.

(2) 속옷의 건강지향주의

소비자의 경제수준이 높아지고 라이프 스타일이 바뀜에 따라 아름다운 몸매뿐만 아니라 건강에 대한 관심이 증가하여 건강 제품이 대거 등장하는 가운데 이너웨어에서도 건강개념이 첨가된 것들이 강조되고 있다 예를 들면 기존의 메리야스의 기본적인 기능 이외에 향균처리, 아토피성 피부염을 예방해주는 키토산처리 등의 피부보호에 초점을 둔 기능과 건강과 패션이 조화된 건강내의가 개발되고 있다.

(3) 속옷의 패션화

1970년대 이후 성해방과 관련하여 성적행동에 커다란 변화가 생겨 속옷을 다른 사람에게 보여줄 수 있다는 여성들의 개방적인 사고가 나타났다. 이너웨어도 패션의 일부로 생각하는 소비자가 늘어나면서 다양한 디자인과 색, 장식 등을 활용하여 여성들의 시선을 자극하기 시작했다. 따라서 최근에는 예전과는 달리 소재나 색에 제한을 두지 않고 패션트렌드를 가미하여 고광택원단이나 데님, 벨벳 등을 과감하게 사용하고 있다. 그 예로 란제리의 경우 색은 강렬해지고 엘레강스하면서 로맨틱한 감각이 돋보이는 스타일을 선호하는 경향에 따라 디자인에서도 레이스에 새긴 자수나 큐빅장식 등과 실크망사를 사용하여 겉옷에 비쳐도 속옷 느낌을 주지 않는 패션성이 가미된 화려하고 세련된 것들이 등장하고 있다. 한편 내의의 경우에는 젊은 연령층을 고려하여 원단을 얇게 하고 내의 끝이 겉옷으로 보이지 않도록 하기 위해 상, 하의의 길이를 3부, 7부 등으로 다양화와 패션화를 추구하고 있다.

(4) 속옷의 스포츠화

2002년 월드컵을 기점으로 국내의 이너웨어에서도 스포츠에 대한 개념이 도입되어 20-30대의 젊은 층을 타겟으로 편안하면서도 스포티한 디자인으로 착용감이 쿨하면서 중성적인 라인을 보여주고 있다. 또한 기본적인 속옷의 목적인 흡습성과 촉감, 보온성을 고려한 지나치게 장식적이지 않은 비교적 단순하면서 편안한 스포티한 속옷의 디자인이 소비자들에게 어필되고 있다. 심플하고 편안한 스타일을 추구하는 레노마언더웨어, 엘레강스하고 세련된 여성란제리 엘리파리의 엘르이너웨어 등이 그 대표적인 예라 할 수 있다.

(5) 다양한 신개념의 유통구조

소비자의 라이프스타일과 쇼핑방식이 바뀌면서 양극화현상이 나타나고 백화점과 마트에서 차별화 정책을 추진함에 따라 기존의 유통 방식에 큰 변화가 나타났다. 가장 큰 변화는 재래시장 중심의 도,소매시장이 줄어들고 백화점이나 전문점, 대형할인마트, 홈쇼핑 그리고 온라인쇼핑 등의 다양한 신유통이 확대되면서 브랜드의 다양화와 패션화가 이루어지고 있다는 점이다. 트라이의 스타마케팅전략과 태창의 컨셉별, 유통별로 브랜드의 멀티화를 그 예로 들 수 있다.

또한 고소득층을 겨냥한 직수입브랜드 바바라와 같은 고가의 브랜드들이 강남을 중심으로 시장이 형성되고 있으며 중저가브랜드는 대형할인마트에서 안정적인 판매망을 구축하고 있고, 중저가 제품을 묶어서 단시간 내에 높은 매출을 올릴 수 있다는 점에서 홈쇼핑이 신유통으로 부상하고 있다. 특히 홈쇼핑이나 온라인 쇼핑의 경우 점포 없이 전화만으로 운영하는 등 적은 투자로 높은 매출을 올릴 수 있다는 장점이 있어 많은 업체들이 선호하고 있다.

(6) 속옷매장의 패션화

최근 속옷 업계는 기존의 엘레강스하고 여성적인 느낌의 분위기 제품을 가지런히 나열하는 것에서 탈피하여 매장도 패션화하여 이너웨어 전문매장을 확대하고 디스플레이를 과감하게 함으로써 단순한 겉옷속의 입는 용도만이 아닌 아웃터와 코디되는 아이템으로 바꾸고 있다. 최근의 브랜드로고를 레드/화이트로 바꾸고 매장에 영국 국기로 장식하여 이국적인 분위기를 주는 미지코런던 언더웨어나 블랙/화이트로 강인한 남성미를 표현하여 현대적이고 이지적인 매장을 장식하고 있다. 엘르이너웨어 등 10대 후반부터 20대의 패션감각이 뛰어난 젊은층을 주요 타겟으로 설정하는 신규 브랜드도 늘고 있다.

2. 속옷의 산업현황

우리나라의 속옷은 1954년 (주)신영 와코루가 창업하여 1956년에 편안하고 고급스러운 전 연령층을 위한 브랜드 비너스를, 1965년 남영이 클래식하고 엘레강스한 감각으로 20대 후반에서 40대 후반까지의 여성을 대상으로 한 브랜드 비비안을 출시했으며 1970년대 중반에 태평양이 브랜드 라보라를 출시하는 등 3사가 1980년대까지 독점을 형성하였다. 그러다가 1980년대 후반에 해외브랜드와의 제휴된 패션내의가 들어오면서 쌍방울은 자키, 신영은 와코루, 태평양은 트라이엄프 상표를 각각 도입하였다. 1995년 코오롱은 세련되고 도회감성의 고품격인 20대 후반에서 30대 초반의 성인여성을 대상으로 하는 토탈 이너웨어 브랜드 르페를 출시하였다.

우리나라의 경우 1990년대에 들어 속옷도 겉옷에 맞추어 고급화, 패션화추세가 이어지면서 점점 그 규모가 확대되고 있으며 이에 따라 신규업체도 늘어나고 최첨단 신소재의 개발이 많이 이루어지고 있다. 최근 유통구조의 개방화로 인해 해외유명 브랜드의 무차별적인 도입과 무차별적인 신규업체의 증가로 수입란제리가 급증하면서 소비자들의 소비패턴의 다양화와 소비시장의 활성화가 이루어져 새로운 전환기를 맞이하게 되었다.

최근에 주 5일제 및 경제향상으로 인해 여가생활이 증가하면서 속옷에 대한 개념이 변화되어 아웃웨어와의 경계가 희미해지면서 기존의 메리야스 3사인 백영, 쌍방울, 태창과 란제리업체인 신영 · 남영 · 태평양은 속옷 제품을 좀 더 세분화 · 차별화하여 패션의 브랜드화를 추구하게 되었다. 태화방직 · E랜드 그룹 · 코오롱 등이 새롭게 등장했으며 수입란제리 라이센스 브랜드와 직수입브랜드들이 늘어남에 따라 수입란제리 전문점 및 다양한 컨셉의 제품들이 모여 판매되는 유통형태가 등장했다. 뿐만 아니라 백화점 및 전문점을 중심으로 할인점과 통신판매, 홈쇼핑 및 전자상거래 등 새로운 개념의 유통 방식이 활발하게 이루어지고 있다.

Inner wear Design

04

속옷의 종류

1. 언더웨어(underwear)
2. 파운데이션(foundation)
3. 란제리(lingerie)

속옷의 종류

일반적으로 여성속옷은 착용목적과 기능에 따라 크게 3가지 즉 위생적인 측면에서 맨살에 입는 언더웨어(Underwear : 슈미즈, 콤비네이션, 블루머, 드로워즈, 브리프), 인체 체형미를 위한 보정용의 화운데이션(Foundation : 브래지어, 거들, 올인원, 바디슈트, 웨이스트니퍼, 코르셋, 가타벨트, 파니에), 장식이 목적인 란제리(Lingerie : 슬립, 원텀, 홈란제리, 나이트웨어, 파자마)로 분류된다. 남자용속옷은 내의중심으로 상의로는 언더셔츠류(T-셔츠, 탱크탑)와 하의로는 팬츠류(브리이프, 트렁크스, 속바지)등이 일반적이며 소재로는 면을 중심으로 울, 마, 합성, 스트레치섬유, 혼방의 신축성 있는 니트(메리야스)천이 사용되고 많이 간소화, 경량화 되는 추세이다.

일반적으로 예로부터 여성은 남성보다 비활동적일 뿐만 아니라 인체에 대한 장식적인 욕구로 인해 속옷의 다양한 아이템이 생겨났으며 여성의 스커트가 남성의 바지보다 더 보온이 필요하므로 더 많은 속옷을 착용하게 되었다.

■ 속옷의 분류

	종 류	설 명	아 이 템
속옷 (Under clothing)	언더웨어 (underwear)	위생과 보온을 목적으로 맨살에 입는 가장 기본적인 속옷 * 체온유지 * 분비물 흡수를 통한 피부청결유지 * 생리위생과 관련	숏츠(shorts;팬티, panties) 브리이프(briefs) 드로워즈(Drawers) 트렁크스(Trunks) 언더셔츠(Under shirt::러닝셔츠) 슈미즈(Chemise) 블루머즈(Bloomers) 콤비네이션(Combination)
	화운데이션 (Foundation)	몸의 이상적인 라인을 만들기 위한 체형 보정용 속옷 * 체형의 결점보완 * 몸의 균형을 잡아 아름다운 몸매를 형성	브래지어(Brassiere) 거들(Girdle) 올인원(All-in-one) 코르셋(Corset) 웨이스트니퍼(Waist nipper) 파니에(Panier) 가터벨트(Garter belt) 바디슈트(Body suits)

	종 류	설 명	아 이 템
속옷 (Under clothing)	란제리 (Lingerie)	장식의 목적으로 입는 가장 겉의 여성용 속옷 *파운데이션으로 조절한 신체위에 착용 * 아름다운 의복실루엣 형성 *겉옷의 형태를 안정시키는 역할 *속옷 중 가장 장식성이 풍부	슬립(Slip) 캐미솔(Camisole) 페티코트(Petticoat) 플레어 팬티(Flaer Panty) 네글리제(Negligee) 파자마 나이트가운(Night gown) 베이딩 가운

■ 속옷의 종류

종 류	설 명
언더웨어 (underwear)	• 숏츠(shorts; 팬티, panties) : 위생과 보호의 목적으로 입는 가장 기본적인 하의의 속옷 • 브리이프(briefs) : 몸에 타이트하게 맞는 위생목적의 남성용기초 하의 속옷 • 드로워즈(Drawers) : 헐렁한 짧은 반바지 스타일의 기초적인 하의 여성용속옷 • 트렁크스(Trunks) : 반바지와 같은 속바지의 하의 남성용 속옷 • 언더셔츠(Under shirt : 러닝셔츠) : U자나 라운드 넥크라인의 반소매나 소매가 없는 상의 속옷 • 슈미즈(Chemise) : 다양한 소매의 브래지어 바로 위에 입는 위생상의 실용적인 상의 속옷 • 블루머즈(Bloomers) : 허리선과 밑단에 고무줄을 넣은 풍성한 스타일로 팬티위에 입는 속옷 • 콤비네이션(Combination) : 상, 하의가 하나로 연결된 속옷
화운데이션 (Foundation)	• 브래지어(Brassiere) : 가슴의 형태를 아름답게 만들기 위하여 교정 및 보정하는 속옷 • 거들(Girdle) : 허리와 복부, 힙과 대퇴부의 이상적인 형태를 보정하는 하의 속옷 • 올인원(All-in-one) : 브래지어와 웨이스트니퍼, 거들이 합해진 스타일로 가슴, 허리, 힙, 복부의 형태를 보정하는 속옷 • 코르셋(Corset) : 가슴에서 허리까지의 몸형태를 정리하여 겉옷의 맵시를 좋게 해주는 속옷 • 웨이스트니퍼(Waist nipper) : 허리의 군살을 정리하여 허리를 가늘게 조여주는 속옷 • 파니에(Panier) : 스커트의 폭을 넓히기 위한 언더스커트 • 가터벨트(Garter belt) : 스타킹이 흘러내리지 않도록 고정시켜주는 가터 고리가 달린 벨트 형의 속옷

종 류	설 명
란제리 (Lingerie)	• 슬립(Slip) : 원피스나 스커트를 입을 때 겉옷의 실루엣의 미를 살리기 위해 착용하는 속옷 • 캐미솔(Camisole) : 브래지어위에 입는 위생적인 목적의 어깨끈이 달린 런닝셔츠의 상의 속옷 • 페티코트(Petticoat) : 스커트의 외형을 부풀리기 위해 입는 속옷 • 플레어 팬티(Flaer Panty) : 브리이프나 팬티위에 입는 단을 플레어로 처리한 넓은 폭의 하의 속옷 • 네글리제(Negligee) : 실내에서 편하게 입을 수 있는 원피스형의 편안한 여성용 잠옷 • 파자마(pajamas) : 하의가 바지형태이면서 상, 하의가 분리된 편안한 남녀공용의 잠옷 • 나이트가운(Night gown) : 잠옷위에 걸치는 길고 넉넉한 드레스나 가운 • 베이딩 가운(bathing gown) : 목욕이나 수영후에 착용하는 타올소재의 가운

■ 유사한 아이템비교

현대에 들어 속옷아이템의 변화에 따라 예전의 디자인이나 용도가 변경되어 그 형태나 소재, 착용목적이나 착용장소 등에서 비슷해진 것들이 있는데 간략하게 비교해 보면 다음과 같다.

아이템명	스 타 일	비교 : 구분되는 특징
거들/코르셋		거들 : 덜 타이트한 하의로서 체형보정 및 유지 코르셋 : 타이트한 상의로서 몸통을 보정 차이점 : 체형변형의 속옷으로 타이트한 소재의 정도와 그 형태
언더셔츠/캐미솔		언더셔츠 : 보온, 위생의 남녀 공용의 헐렁한 형태의 상의로 일반적인 옷의 속에 착용하는 길이가 긴 셔츠 캐미솔 : 장식을 위한 것으로 여성만이 입는 보다 타이트한 형으로 어깨가 끈으로 되어 길이가 짧으며 소매가 없는 것으로 레이스장식이 많으며 다양한 색으로 블라우스의 안에 주로 착용 차이점 : 형태, 소재와 착용자등의 기능적인 면

아이템명	스 타 일	비교 : 구분되는 특징
슬립/ 슈미즈		**슬립** : 상하분리형이나 원피스형의 두가지로 겉옷의 실루엣을 아름답게 가꾸기 위한 기능으로 원피스나 스커트속에 착용하는 몸에 자연스럽게 맞는 란제리의 일종 **슈미즈** : 위생적인 기능의 여유있는 상의로서 바지 입을 때 상체에 착용하는 언더웨어의 일종 **차이점** : 형태와 기능면
캐미솔/ 슈미즈		**캐미솔** : 어깨가 끈으로 된 타이트한 형태의 장식속옷인 란제리로 최근에는 패션개념의 겉옷화되는 경향에 따라 다양한 소재로 만들어짐 **슈미즈** : 위생적인 기능을 지닌 여유있는 상의의 면소재로 언더웨어의 일종 **차이점** : 형태와 기능면
올인원/ 바디슈트		**올인원** : 원피스코르셋처럼 체형을 강하게 보정하는 것이 목적으로 적합한 피트성을 요구하므로 화려한 레이스와 높은 보정력을 가진 파워네트를 사용하여 인체라인을 정리해줌 **바디슈트** : 수영복 스타일로 소재와 디자인에 따라 겉옷으로도 입을 수 있는 것이 특징이며 올인원보다 얇고 부드러운 소재로 화운데이션과 속옷의 가능을 다 갖추고 있는 것이 특징 **차이점** : 타이트한 정도의 소재와 기능면

1. 언더웨어(underwear)

(사)[19] 피부에 직접 닿는 옷을 포함한 겉옷 아래 착용하는 의복으로 언더클로즈(underclothes)와 동일하게 사용한다. 즉, 겉옷의 총칭인 아우터 웨어(outerwear)에 대해서 가장 안에 착용하는 의상 전반을 가리킨다.

(전)[20] 외기로부터의 보온을 도모하고 피부의 보호를 주목적으로 하는 실용적인 속옷을 말하며, 방한성을 지니고 흡수성이 높은 직물을 사용한 겨울철 속옷이 대부분이다.

메리야스는 스페인어의 메디아스(Medias)에서 유래된 것으로 본래는 양말을 뜻하는 말이었으나 최근에는 위생적인 목적의 속옷을 일컫게 되었다.[21] 이너 웨어(inner wear) 또는 바디 웨어(body wear)라고도 하며 일반적으로 내의라고 불리는 가장 내부 즉 맨살에 바로 입는 실용적이며 위생적인 속옷을 의미한다. 체온유지, 체내분비물 흡수를 통한 피부 청결유지, 상의의 오염을 막아주는 역할 등 보온, 방한, 방열의 생리 위생적인 역할을 하는 실용적인 내의로 셔츠(런닝셔츠)나 쇼츠(팬티)류가 이에 속한다. 소재는 보온성과 흡습성, 통기성이 좋으며 가볍고 몸에 밀착하였을 때 피부 촉감이 좋은 것이 중요시되고 색상은 흰색이나 피부색과 동일한 것을 많이 선호하며 그 다음으로는 부드러운 느낌의 파스텔톤을 많이 사용한다.

(1) 숏츠 (shorts; 팬티, panties)

(사) 여성과 어린이 속바지(underpants)의 약칭으로 아래 가랑이가 거의 없는 하반신용 속옷이다. 1930년대에 일반적으로 널리 사용되기 시작하였고 1980년대는 다리가 모두 드러나도록 디자인되었다. 레이스, 자수 등으로 장식되고 쇼츠(shorts)라고도 한다.

(전) 쇼츠라고도 하는 피부에 직접 닿는 가장 기초적인 하반신용 속옷이다.

짧은, 간단한이라는 뜻으로 숏 팬츠를 지칭하기도 하지만 속옷에서는 일반적으로 여성용의 팬티류를 지칭하는 용어이다. 팬티의 기원은 정확히 알려져 있지 않다. 일부에서는 창세기 무화과 잎을 최초의 속옷으로 보기도 하지만 현대 속옷의 개념이 아닌 몸에 걸친 유일한 옷의 개념으로 이해하기 때문에 고대로마시대 여성들이 생리할 때 입었던 T자형 띠 기원설과 스트립쇼에서 스트립걸들이 최후에 벗는 팬티인 버터플라이에서 기원했다는 설이 있다.

가랑이 팬티가 등장한 것은 18세기이며 1900년대 초의 팬티는 면을 소재로 손바느질로 만들어졌으며 무릎에서 60–70cm 넓이였고 1920년대에 제1차세계대전이 끝나며 허리와 가슴을 강조하지 않은 스트레이트 실루엣이 등장하고 난 중반부터는 팬티와 올인원스타일로 되었다. 1930년 후반에는 나일론이 공업화되어 팬티와 브리프의 소재로 이용되었으며 1960년대에 라이크라가 소개되었으며 세탁에 용이한 인조섬유를 선호하게 되었다.

팬티는 가장 기본적인 속옷으로 거들과 같은 속옷에 비해 지방을 받쳐주고 지지해주는 기능은 없지만 힙을 감싸주고 복부지방이 접히지 않도록 하는 역할을 하며 소재는 주로 면 100%를 사용하거나 신축성을 부여하기 위하여 폴리우레탄 탄성사를 면, 혹은 나일론, 폴리에스테르 섬유와 함께 사용하기도 한다.

현재의 밀착되는 팬티는 라이크라의 개발로 가능해졌으며 최근에는 허리를 조이면서 힙업시켜주는 거들팬티가 인기를 누리고 있으며 여성용 사각팬티도 호응도가 높아지고 있다.[22] 다리 부분이 붙은 긴 롱 숏츠부터 매우 짧은 비키니 숏츠, 그보다 약간 깊은 세미 비키니 숏츠 등 변화가 다양하게 전개되며 소재로는 면 메리야스, 나일론, 레이온, 견 등이 쓰이며 자수, 레이스, 리본 등을 장식하기도 한다.

■ 팬티의 종류

A. 팬티의 실루엣에 따른 종류

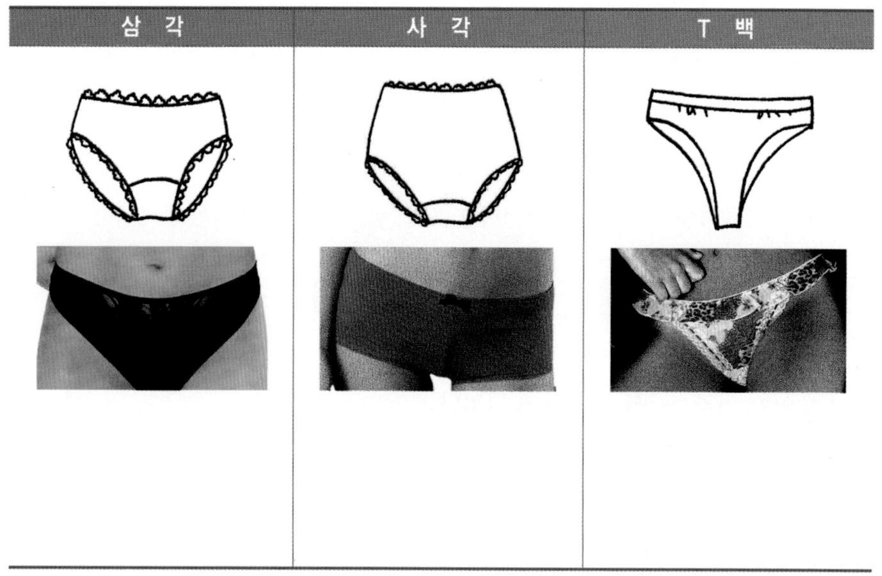

삼 각	사 각	T 백

B. 팬티의 모양 및 기능에 따른 종류

종 류	형 태	특 징
Thong		팬티 뒤판이 없이 끈으로 처리된 것으로 패션화된 것.
Bikini		와끼(팬티상단 끝부위)가 허리에서 10cm정도 내려오는 것.
Bear Mrs		부인 및 비만체형을 위해 착용시 편안함을 제일로 하는 브리이프 스타일로 모티프나 레이스로 감각을 준 스타일.

종 류	형 태	특 징
S-panty		피트성이 좋고 편안함과 부드러운 착용감을 주는 기능 위주의 팬티로서 Bikini, Hipster, Brief 스타일로 가장 대중적인 멋을 살린 제품으로 면스판소재가 대부분임.
Sanitary		피트성이 강한 소재로 안정감을 최대로 하는 기능 위주의 생리용 제품으로 색상과 라인을 이용하여 감각을 부여하고 방수원단을 crotch부분에 사용하고 배부위를 눌러주도록 탄력성이 강한 소재로 이중 봉제함.

■ 다양한 팬티

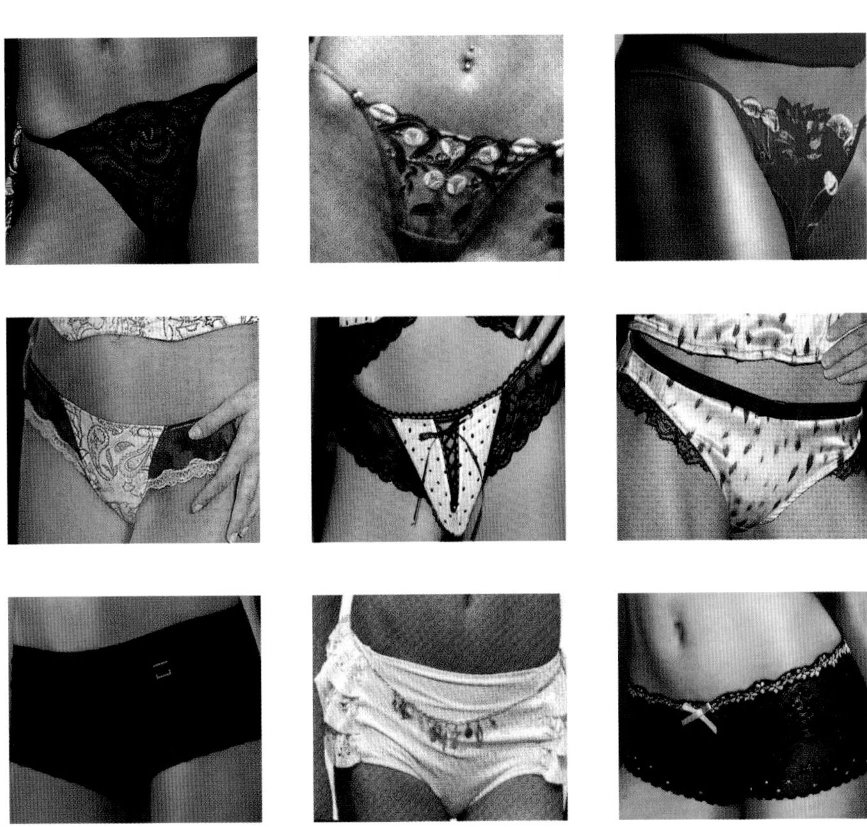

(2) 브리이프 (briefs)

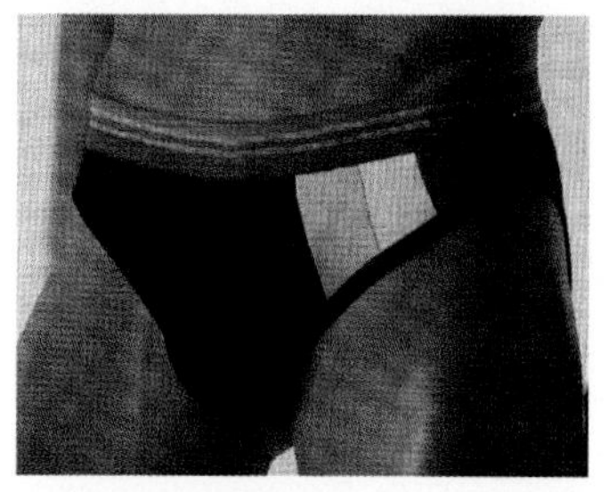

(사) 브리프는 '짧은, 간결한' 이란 뜻으로 밑아래에서 바지가랑이가 전혀 없고 다리둘레에 꼭 맞는 짧은 아래속옷을 말한다. 주로 소재는 나일론, 레이온, 견, 메리야스 등이 쓰이며 자수나 레이스, 리본 등으로 장식된 것도 있다.

(전) 타이트한 형태로 옆선의 길이가 16cm 이상 되는 팬티인데 요즘은 미니 브리프도 있다. 동계용으로는 보온을 목적으로 감촉이 좋고 부드러운 계통의 나일론, 면, 스트레치 직물을 택하고, 하계용으로는 흡습성이 강한 면을 많이 사용한다.

브리이프는 남성속옷의 하의 언더웨어의 가장 기본이 되는 것으로 다리 부분이 거의 달리지 않고 옆 부분을 판 바디 피트형 언더 팬츠로 여성용 속옷의 팬티(숏츠)에 해당되며 신체의 청결과 바디라인에 가장 중요한 부분을 차지하고 있다.

브리이프는 초기 원시 의상에서 가장 기본적인 요의로부터 유래되었으며 고대 로마시대에 경기에서 여성들이 착용한 스트로피움의 비키니형의 운동복에서 현재의 속옷으로 변화되었다.

브리이프의 소재는 일반적으로 면메리야스, 나일론, 레이온, 견 등을 사용하지만 그 중에서 특히 신축성 있는 면니트가 가장 적합하며 비키니 형태나 너무 조이는 브리이프는 힙의 살을 분산시켜 전체적인 실루엣을 해치게 되는 경우가 있으므로 뒷면과 앞면을 넓게 처리하여 힙 전체를 둥글고 편안하게 감싸는 가장자리를 부드럽게 처리하여 겉옷에 경계라인이 생기지 않도록 하는 것이 좋다. 최근에는 허리를 약간 조여 주고 힙업을 시켜주는 거들 기능이 첨가된 팬티도 출시되고 있으며 허벅지가 파인 정도에 따라 레귤러(스탠다드), 세미 비키니, 비키니 등으로 구분된다.

■ 다양한 브리이프

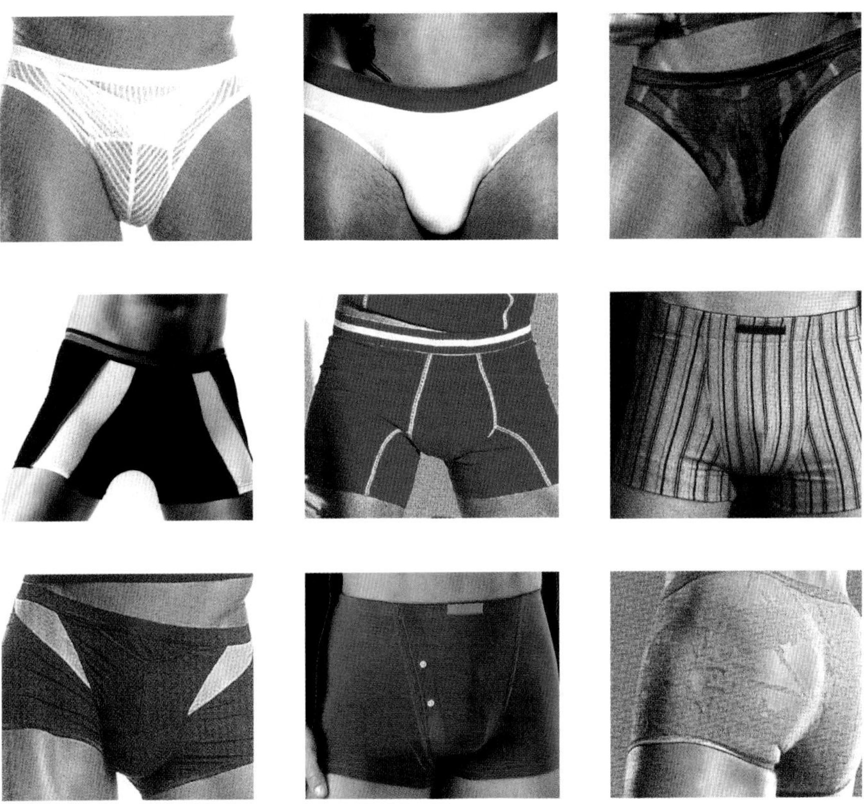

(3) 드로우즈 (drawers)

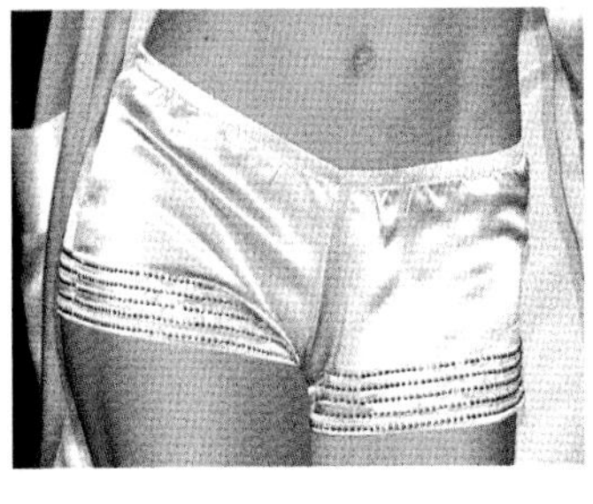

(사) 남녀 모두에게 입혀지는 바지형으로 된 헐렁한 하의이다. 보온과 흡수성이 주된 목적이며 길이는 여러 가지가 있다.

(전) 반바지 풍의 헐렁한 하의, 보온과 흡수성이 주된 목적이다.

팬티의 기원인 드로워즈(drawers)는 브레이즈(Braies)란 이름으로 12세기 후반 경부터 남자들에게 속옷으로 입혀진 것이 시

초이며[23] 여성을 위한 드로워즈는 17세기경에 프랑스여성이 입기 시작한 반바지 형식의 짧은 속바지를 뜻하며 1851년에는 브루머스(Bloomers)로 그 이름이 바뀌었다.

그 후 프랑스의 왕정복고시대에 보편화되기 시작하여 근대낭만주의시대에 여성들의 승마가 유행하면서 바지의 중요성이 인식되면서 크리놀린 밑에 입는 드로우즈가 크게 보급되었다. 1870년까지는 밑이 트여 있었으나 그 이후 밑이 막힌 형으로 변화되어 19세기 이후에 여성용 속옷으로 일반화되었으며 1910년 이후 드로우즈는 몸에 꼭 맞는 스타일로 변하기 시작하였다. 현대에는 신축성 있는 스판이나 리프조직의 원단을 사용하여 신체에 밀착되는 실용적이고 위생적인 기능의 형태로 변화되었다. 우리나라에서는 여성 전용의 무릎길이의 속바지를 가리키는 말로 팬티와 구별하여 사용하고 있으며 최근에는 그 길이가 점차 짧아지는 추세이다.

반바지와 같은 여유 있는 여성용 속바지의 일종으로 보온, 흡습을 목적으로 착용하는 것이었으나 현대에는 실용적인 면보다 장식성이 가미되어 고급소재 및 자수, 레이스 등의 장식적인 디테일에 따라 다양한 종류가 있다.

■ 다양한 드로워즈

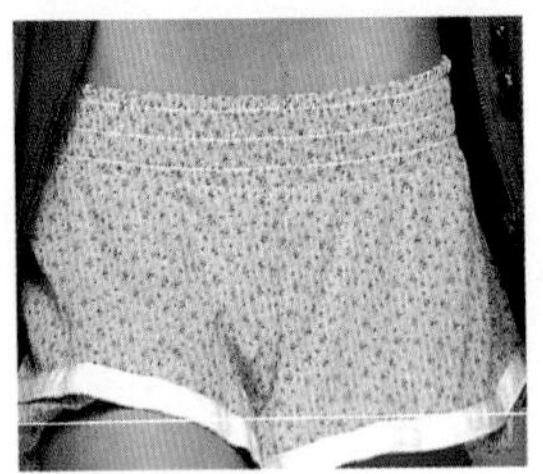

(4) 트렁크스 (trunks)

트렁크스는 반바지와 같은 남성용 속바지의 일종으로 여성용의 드로워즈에 해당된다. 드로워즈가 남녀모두에게 입혀지는 반바지풍의 헐렁한 하의의

속옷이지만 우리나라에서는 여성용의 명칭으로만 일반화되어 사용하고 있으며 그에 해당되는 남성용의 명칭을 트렁크스라고 부르고 있다. 오늘날의 트렁크스는 점차 그 길이가 짧아지고 폭도 좁아져 남성용 팬츠로 젊은층에게 인기가 많다.

■ 다양한 트렁크스

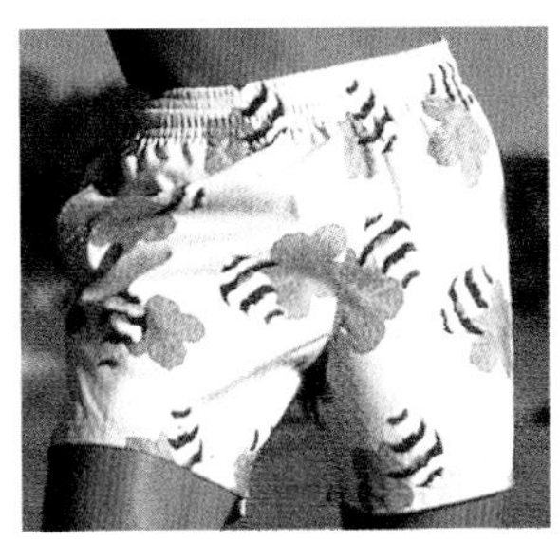

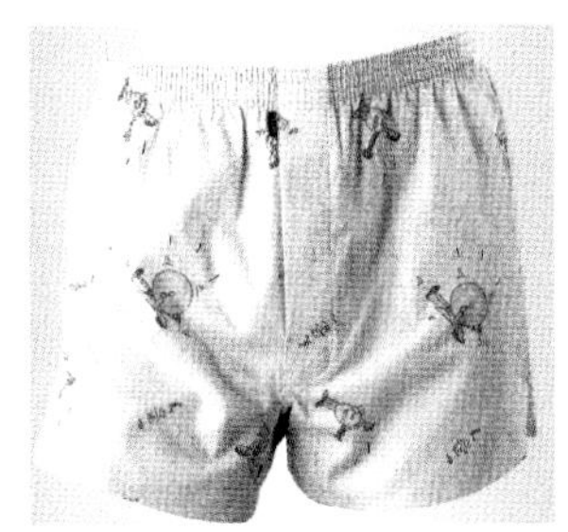

(5) 언더셔츠 (under shirt, 러닝셔츠)

(사) U자나 라운드 네크로 소매가 없는 운동용 셔츠를 뜻한다. 면, 메리아스 등 니트 소재로 만들어지고 남성용의 속옷으로 착용한다. 진동둘레가 크고 목둘레선이 깊이 파인 소매 없는 셔츠로 육상경기나 활동적인 단체 경기를 위해 착용된 것이며 남녀공용으로 사용한다. 탱크 탑(tank top)이라고도 하며 남성의 언더셔츠와 유사한 형태이다.

일반적으로 우리나라에서는 남성들과 젊은이들이 입는 편무로 된 속옷으로 목선과 소매의 형태가 다양하며 흔히 러닝셔츠라고 부른다. 남성들이 주로 정장용의 와이셔츠 안에 입는 내의의 용도로 많이 사용하고 있으며 원래 소매가 없는 스타일이지만 고연령층에서 반팔소매의 러닝셔츠를 많이 애용되고 있다. 반면 최근 여성들에게는 속옷으로서의 내의보다는 겉옷으로 여름철에 더 많이 애용되고 있다.

■ 다양한 언더셔츠

(6) 슈미즈 (chemise)

슈미즈의 어원은 라틴어의 카미시(camisia : 아마제 셔츠의 뜻)로 12세기경 셔츠를 뜻하는 프랑스어인 슈미즈로 바뀌었으며 그 후 린넨으로 만든 속옷을 지칭하는 말이 되었다. 형태적으로는 고대의 튜닉에서 스모크를 거쳐 슈미즈로 발전되었다. 중세 후기, 르네상스, 로코코 시대를 거쳐 자수, 레이스, 프릴 등으로 더욱 화려하게 장식되다가 근대에 풍성하게 단순화되었으며 현대에는 몸에 밀착되는 피트한 메리야스에 슈미즈의 형태의 자취가 남아 있다. 린넨으로 된 화려한 레이스장식의 슈미즈 스타일은 오늘날의 란제리의 슬립에서 볼 수 있다.[24]

슈미즈는 19세기까지의 장식적인 용도에서 벗어나 땀을 흡수하거나 옷이 더러워지는 것을 막기 위해 입는 실용 본위의 속옷이 되었다. 브래지어의 바로 밑에 입는 언더웨어로 소매의 유무 및 길이에 따라 다양하게 전개된다. 어깨에서 늘어뜨려 등 부위를 풍성하게 감싸는 허벅다리 길이의 여성용 속옷으로 피부에 직접 착용하는 일이 많으며 본래는 소매가 달린 것도 있으나 현대에는 소매가 없는 것이 보통이다. 본래 슬립과는 구별되는 것이었으나 속옷이 간략화되는 경향에 따라 슈미즈가 생략되고, 슬립만으로 땀받이 구실까지 겸하게 되었다. 소재는 일반적으로 신축성이 크고 세탁에 잘 견디고 흡수성이 좋은 면 메리야스를 주로 사용한다.

■ 다양한 슈미즈

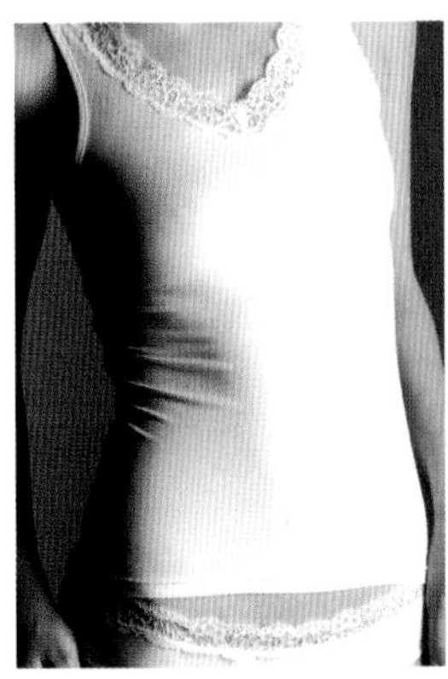

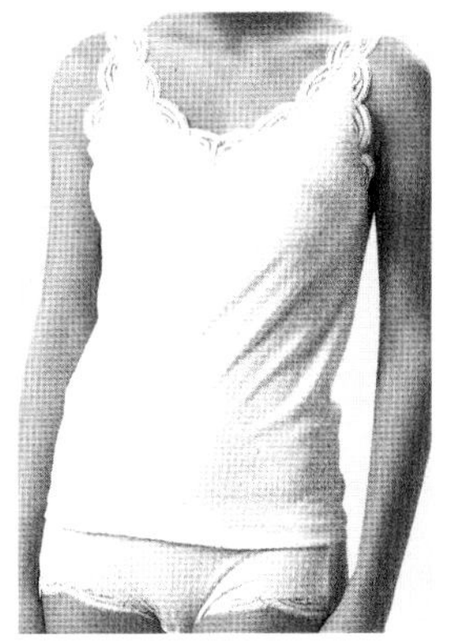

(7) 블루머즈 (bloomers)

블루머는 1851년 블루머(Amelia Bollmer) 여사에 의해 런칭되었으며 여자나 소녀들이 입는 매우 풍성한 언더팬츠로 발목을 매게 되어 있는 한복 바지와 비슷하게 생긴 여성용바지로 타이트한 팬티위에 입는 품이 넉넉한 속옷이다. 허리선과 가랑이 단에 고무줄을 넣어 입으

며 오늘날에도 유치원이나 초등학생들이 스커트 안에 이 블루머를 입어 자유롭게 활동할 수 있도록 심리적인 안정감을 주는 차원에서 착용하고 있으며 끝부분을 프릴이나 레이스로 장식해 귀여운 여성스러움을 연출하고 있다.

(8) 콤비네이션 (Combination)

콤비네이션은 상의와 하의가 하나로 연결된 속옷으로 허리에 겹쳐지는 부분이 없는 허리선을 깨끗하게 정리해야 하는 겉옷에 알맞은 속옷이다. 콤비네이션은 1877년경에 등장한 것으로 슈미즈와 드로우즈가 합해진 형태로 만들어져 그 후에 신사용 셔츠와 속바지 또는 팬츠, 여성용이나 아동용의 언더셔츠와 드로우즈 또는 브리이프가 이어진 것이 생겼으며 소매의 유무에 따라 달라지기도 하며 라니에르, 멜노, 실크 등 단순한 형태로 제작되다가 1890년대에 레이스나 리본장식이 가미되었다.

현대에는 여성용 브래지어와 코르셋을 이은 올인원이나 브라 슬립 같은데서 보이고 아래위가 연결되어 허리에 겹쳐지는 부분이 없는 콤비네이션은 착용한 사람들에게 안락함과 원활한 움직임을 주고 허리선을 정리해준다.[25]

■ 다양한 콤비네이션

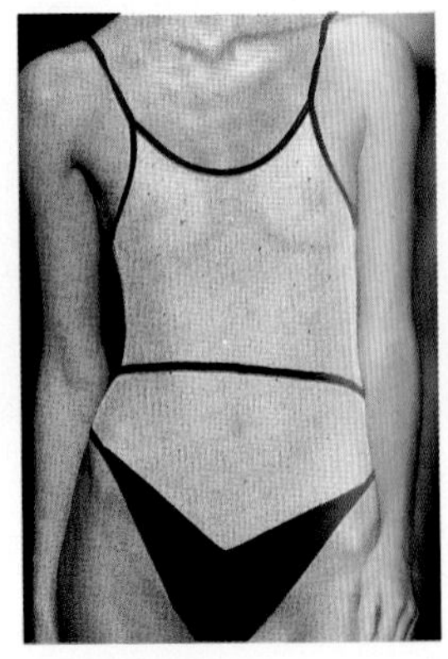

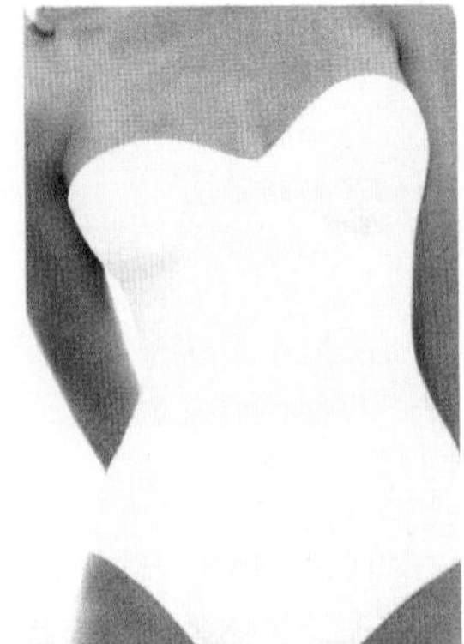

2. 파운데이션(foundation)

(사) 화운데이션은 '토대, 기초'란 의리를 가지고 있는데 화운데이션 가먼트의 준말로서 보통 거들, 코르셋, 브래지어, 올인원 따위의 체형을 가다듬는 속옷을 가리킨다. 또는 인체의 형태를 고정하기 위해서 브래지어와 거들이 원피스로 조합된 속옷을 말하며 코르셋에서 발전된 것이다. 어깨를 지나는 끈이 있거나 없으며 양말을 지지하는 장치가 있는 것도 있다.

(전) 체형을 가다듬고 몸 전체의 곡선을 보정하여 몸의 균형을 잡기 위한 기초 의류를 말한다. 어의는 기초, 토대라는 뜻으로 복장을 정돈하는 토대가 되는 것을 말한다. 과거의 화운데이션은 군살을 누르거나 죄거나 당겨 올려주는 보정의 역할을 가장 중시했으나, 근래에는 신축성이 좋은 부드러운 소재를 이용해 자연스러운 체형을 유지하면서 전체적인 실루엣을 살리는 데 역점을 둔다. 소재는 면, 나일론, 폴리에스테르, 큐브라 레이온, 폴리우레탄계 합성섬유가 사용되고 있다.

화운데이션은 체형의 결점 보완, 또는 문화적 경향 및 실루엣에 따라 체형을 아름답게 만들어줄 목적으로 가슴이나 엉덩이 등 처질 가능성이 있는 신체 부위를 본래의 위치대로 유지시키고 안정감을 부여해 신체의 프로포션(proportion)을 정리해 주는 의복의 총칭이다. 파운데이션의 기원은 오늘날 코르셋의 원형으로 볼 수 있는 크레타의 남녀가 착용한 코르셋벨트[26]이다. 체형교정의 가장 오래된 여성속옷은 코르셋으로, 여성의 가는 허리와 가슴을 강조하여 성적매력을 표현했으며 남성의 경우에도 허리를 가늘게 하면서 넓은 어깨를 강조하였다. 이런 크리놀린시대의 코르셋은 현대의 파운데이션의 원조라 할 수 있으며 파운데이션이 우리나라에 도입된 시기는 1930년경이며 일반화된 것은 1950년 이후이다.

파운데이션 가운데 일부는 겉옷의 실루엣을 표현하기 위하여 속옷의 여러 가지 형태가 다양하게 변화되어 구조적으로 독특하며 인위적인 형태로 이루어져 있고 인체의 변형을 억압하는 형태도 만들어졌는데 그 예로 코르셋, 파팅게일, 후프 등을 들 수 있다.

화운데이션은 신체에 완전히 밀착되어 제2의 피부 역할을 하며 아름답고 균형 잡힌 몸매를 만들어주는 속옷으로 폴리 우레탄 등 신축성 있는 것이 주로 사용된다. 이외에도 운동할 때 수반될 수 있는 신체 국부적 진동을 억제하는 기능과 보온효과 등의 생리적 기능 및 착용으로 인한 심리적 안정감을 주기도 한다.

체형보정용 속옷인 화운데이션은 특히 여성에게 더 인기가 있는데 이는 일반적으로 여성은 남성과 달리 신체피하지방이 20-25%를 차지하여 체형관리 정도에 따라 변화를 많이 줄 수 있기 때문이다. 때문에 시대를 초월해서 나타나는 인체에 대한 여성들의 높은 미적 관심으로 체형보정을 위한 끊임없는 노력의 과정에서 보정용 속옷이 탄생, 발달하게 되었다.

한편, 20세기의 나일론의 등장과 20세기 후반의 라이크라의 탄생으로 고기능성 속옷이 나타나기 시작하였다. 1990년대에 사회적인 인식의 변화로 겉옷만큼 속옷의 중요성이 인식되었고 피트되는 겉옷의 유행으로 인해 체형보정의 고기능성 속옷에 대한 관심이 급증하게 되었으며 선진국에서는 이미 10여년 전부터 20-50대의 여성 뿐 만 아니라 중년 남성들에게까지 기능성 화운데이션이 대중화되었다.

이런 기능성화운데이션은 일반화운데이션과는 그 구조적인 면과 사이즈면에서 크게 차이가 있다. 즉 제품의 구조면에서는 체형을 고려한 과학적인 구성 즉 어깨끈의 면적을 넓게 하여 가슴을 받쳐주거나, 하컵의 경우에 덧댐처리로 유방을 받쳐주는 기능을 넣거나 하변테이프는 넓게 하여 가슴의 움직임을 적게 하여 가슴옆의 지방을 가슴쪽으로 밀어주어 보정 등을 고려한다. 한편 사이즈면에서는 선택하여 커버할 수 있도록 체형에 따라 훨씬 다양하게 세분화되는데 브래지어의 경우에 일반 화운데이션의 치수는 75-90과 컵이 A-C까지로 마른체형과 비만체형을 고려하지 않은 반면에 기능성 파운데이션의 경우에는 사이즈가 65-100에 컵이 A-F까지 48가지의 다양한 것을 생산하고 있다. 또 거들의 경우 일반화운데이션이 64-82까지의 4개로 구분되는 것에 비해 기능성 업체는 58-98까지 7단계로 구분하고 있다.

최근 들어 겉옷의 슬림하고 피트되는 스타일의 트렌드에 따라 균형잡힌 아름다운 인체라인을 만들기 위한 여성의 욕구가 보편화되어 레이스, 디자인, 색상, 촉감 등을 통해 여성의 아름다움을 강조한 이전의 이너웨어에서 탈피하여 속옷에도 보정성과 기능성이 강조된 패션속옷들이 늘어가고 있으며 스포츠용, 패션용, 기능성용으로 다양화되고 있기도 하다.

(1) 파운데이션의 기능성

1) 기능성 체형보정 속옷의 필요성

인체는 골격, 근육, 피하지방의 두께와 접착 위치 및 자세에 의해 인체 외곽의 형태가 달라지는데 특히 여성의 경우 체형을 결정짓는 중요한 요인은 피하지방의 부착 정도이다. 여성은 남성과 달리 피하지방이 많으며 유동성이 커서 그 이동과 처짐이 빠르기 때문에 피복 즉, 속옷으로 인체선을 고르게 해야만 겉옷을 더 아름답게 만들 수 있다. 보편적으로 체중의 변화가 없음에도 불구하고 여성호르몬이 증가하면서 10대부터는 서서히 여성적인 몸매를 갖추기 시작한다. 20대의 아름다운 곡선미로 인한 인체상의 볼륨과 탄력은 30대의 출산과 육아로 인해 점차 상실되면서 이상 체형으로 변화하기 시작한다. 점차 중년으로 들어서면서 폐경과 함께 여성호르몬의 감소로 인해 불필요한 부분에 살이 몰리고 60대 이후에는 피부의 지방층마저 얇아져 주름이 잡히고 근육이 늘어지고 건조해지면서 피부의 탄력을 잃어간다.

시대에 따라 미의 기준에는 차이가 있으며 현대에는 남녀 모두 보다 마른 것을 매력적이고 이상적인 여성의 체형으로 생각하고 있다. 우리나라의 경우에도 20대 여성 신체에 대한 연구 결과 몸무게가 가벼우며 상체보다 하체가 마르고 가늘고 작은 형태를 더욱더 선호하고 있는 것으로 나타났다. 이에 따라 점차 노령화될수록 처지는 지방층을 모아주고, 올려주는 체형보정에 대한 관심이 높아지고 있다. 그 결과 체형보정용 속옷이 아름다운 몸매유지에 매우 중요한 수단으로 인식되면서 점차 이 분야에 대한 관심도 높아지고 있다.

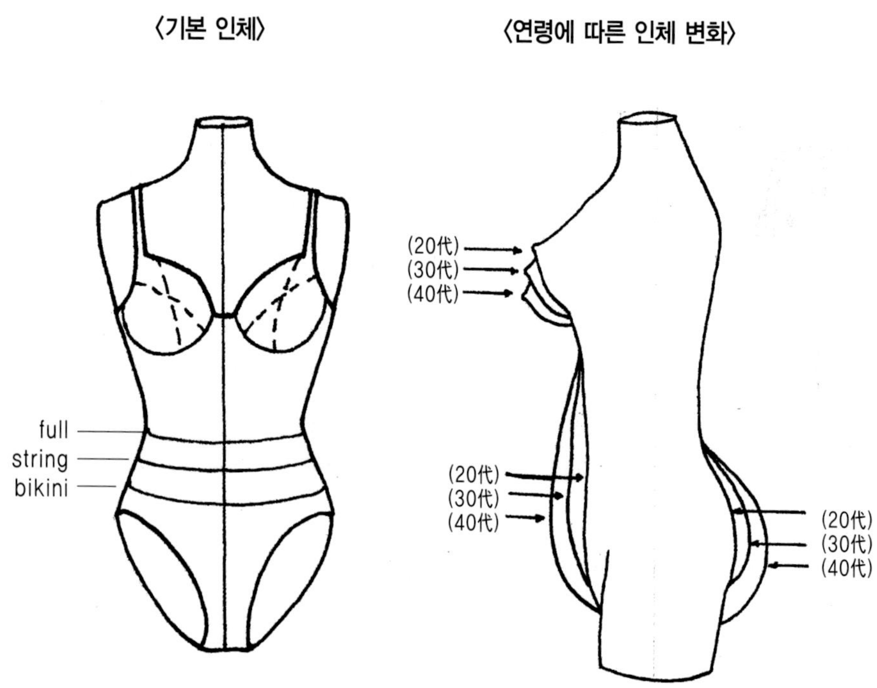

2) 기능성 보정용 속옷에 요구되는 기능

몸 라인의 형성 및 비만해소라는 측면에서 오는 우월감이나 기타 심리적인 쾌적감[27,28]의 충족을 위해 인체를 아름다운 곡선으로 보정함과 동시에 인체의 운동을 저해하지 않아야 하며, 디자인이 좋으면서 위생적이고 지나친 구속성이 없는 것이 이상적이라 할 수 있다. 체형보정을 목적으로 하는 화운데이션에서 요구되는 기능은 다음과 같다.

① 인체미학적 기능 : 체형 보정 효과로 균형 있는 바디라인(body line)을 조절하여 겉옷의 실루엣을 아름답게 연출하는 기능

② 의학적 기능 : 건강유지효과로 신체의 적당한 압력으로 소화기관 및 신체 각 기관들을 정상적인 위치로 받쳐주고 외부의 계절적인 자극에 대응하여 몸의

적정 온도를 조절하여 신체를 보호하는 기능

③ 운동학적 기능 : 휘트니스(fitness) 효과로 근육에 적당한 긴박감을 주어 신체의 각부위들이 처지는 것을 지탱해 줌으로써 몸 부위를 정상위치로 유지시켜는 기능

④ 생물, 물리학적 기능 : 서포트(support)효과로 신체 부위를 적당히 잡아주어 정상적인 위치에 모양을 좋게 유지시켜 주는 기능

⑤ 위생학적 기능 : 땀의 흡수 및 방출로 청결을 유지시켜주어 정신적으로도 생기를 불러 일으켜 착용했을 때 느낌이나 분위기를 즐겁게 하는 기능

⑥ 심리학적 기능 : 몸의 율동을 경쾌하게 하여 정신적, 심리적 안정감을 얻고 기분 좋은 착용감을 주어 심리적 만족감을 부여하는 기능

기능성파운데이션이 크게 확산되는 이유는 소비수준의 상승과 체형보정에 대한 관심도가 높아지기 때문이며 수입브랜드보다 내셔널브랜드가 강세를 띠고 있으며 화려한 디자인의 튀는 제품보다 심플한 디자인의 상품들의 인기가 더 높게 나타나고 있다. 일반속옷보다 고가인 점에 비해 기능에 대한 판단기준이 애매하며 전문적 제조회사 및 디자이너의 부족으로 약간의 기능첨가로 가격을 책정하는 것이 문제로 드러나고 있으므로 소재 및 디자인의 연구가 더 필요하다.

(2) 기능성 화운데이션의 소재

화운데이션은 몸에 밀착되어야 하고 긴장감을 주면서도 몸매를 아름답게 조형해주는 역할을 해야 한다. 따라서 무조건 조여 주는 원단이 좋은 것은 아니며 신축이 자유롭고 체형을 원하는 모양으로 보정하는 동시에 일정한 힘을 가지고 있어 입었을 때 몸에 피로감을 주지 않는 소재여야 한다.

1) 소재에 요구되는 특성

화운데이션이 제대로 기능을 발휘하기 위해서는 피트성, 서포트성, 리폼성과

같은 3가지의 중요한 요건을 갖추어야 한다.

① 피트성(fit)

속옷은 얇고 가벼운 소재를 사용하여 겹쳐 입기 편하고, 인체의 피하 지방의 이동이 쉽게 이루어지도록 해야 한다. 더 나아가 복원력이 있는 유연함과 신축성을 갖춤으로써 내장은 조이지 않고 피하지방만을 눌러 장시간 착용해도 인체에 무리가 없도록 해야 한다. 즉, 몸에 밀착되어 꼭 맞으면서도 행동이나 인체생리에 방해가 되지 않을 정도로 적절히 조여 주는 피트성이 요구된다. 최근에는 멀티 쉬어(multi sheer)조직 원단을 사용하여 피부를 보호하면서 알레르기 반응을 일으키지 않는 제품이 사용되고 있다. 또 스판덱스(spandex)을 함유한 소재나 스트레치 레이스(stretch lace)를 사용하여 경량성, 신축성, 피트성의 조건을 만족하면서도 외형적인 아름다움을 추구하고 있다.

② 서포트성(support)

서포트성은 적당한 힘으로 받쳐주거나 조여줌으로써 착용 시 쾌적한 안정감을 유지시켜 주는 것이다. 이런 소재로는 근래에 자주 사용되는 파워네트(power net)를 예로 들을 수 있는데 상, 하, 좌, 우로 늘어나는 활동성과 통기성이 우수해서 몸을 타이트하게 눌러주는 효과가 있다. 또 한 방향 스트레치원단을 사용하여 어느 정도의 신축성을 부여하면서도 군살을 자연스럽게 눌러주어 몸을 전체적으로 균형 있게 감싸주는 역할을 한다. 그 밖에 서포트성을 유지하기 위하여 부위별로 각기 다른 특성적인 소재를 합성하여, 즉 한 부위에 한 가지 소재가 아닌 여러 가지의 소재를 여러 겹으로 겹침으로써 체형보정의 효과를 주고 있다. 그 예로면, 스판덱스, 나일론(또는 폴리에스테르)의 세 겹으로 구성된 제품도 있다. 최내층면은 흡수력이 뛰어나 땀을 흡수하고 중간에 스판덱스를 삽입하여 탄력성을 주어 체내지방을 이동시킬 수 있고 최외층의 나일론은 원단의 수명을 향상시키고 외부촉감을 좋게 한다. 적당한 힘으로 압박감을 주며 적당히 받쳐주는 힘이 있어야 한다.

③ 조형성(reforming)

몸라인의 형태를 균형 있게 조형, 보정할 수 있는 기능으로 브래지어와 거들이 대표적이다. 브래지어는 가슴의 모양과 유두의 위치를 아름답게 유지시키는 일과 가슴의 크기, 좌우, 고저의 차등을 교정해주며 그밖에 겨드랑이 밑이나 가슴주변에 있는 여분의 군살을 제거해 전체적인 윤곽을 이상적으로 조정해주는 역할을 한다.

2) 체형보정용 소재의 종류

파운데이션의 대표적인 주소재인 파워네트는 신축성이 가장 강하고, 가볍고, 통기성이 풍부하며 염색이 자유롭고 탄력 회복성이 우수하며 Multy Flamentydlamfh 바늘에 의한 끊어짐이 없다. 거들에 많이 사용되는 Two-way tricot는 신축성이 좋아 두 방향으로 늘어나서 힙을 UP시키는 힙업거들로 올인원에도 많이 쓰이는데 촉감이 부드럽고 보온성이 있으며 가볍고 발색이 풍부하고 염색성이 뛰어나 구겨지지 않으며 빨리 마른다. Nylon spk tricot(sparkle)는 세미거들이나 팬티거들 등의 소프트한 제품에 많이 이용되는 원단이다.

또 가장 많이 쓰이는 부자재로는 와이어로 일반와이어와 N.T.와이어가 있는데 일반와이어는 라운드와 평면와이어로 면적이 넓은 것과 좁은 것, 강연성이나 vinyl 코팅으로 녹슬지 않게 가공되어 있다. N.T.(형상기억합금)와이어는 기억된 형상을 와이어 스스로 반영구적으로 유지시켜주며 브라의 컵 밑에 넣어 봉제함으로서 인체의 기억된 형상을 와이어 스스로가 영구적으로 유지시켜주는 기능성제품에 많이 사용된다. 거들이나 올인원, 웨이스트니퍼 등 인체의 라인을 잘 살려주는 Steel bone은 강철 사이에 unicrom도금을 하여 압착, 나선형의 bone을 만들어 굴곡이 자유로우며 몸의 움직임에 잘 맞도록 녹슬지 않고 꺾이지 않으며 견고하여 올인원, 롱브라, 하이 웨이스트 거들, 웨이스트니퍼에 사용한다.[29]

기능성 파운데이션에 사용되는 소재의 특징 [30]

소재의 종류	소재의 특성
새틴 파워네트	그물조직을 이용하여 특수한 변형을 통해 표면이 공단이나 양단처럼 매끄럽고 촉감이 좋도록 경편조직으로 편직한 원단으로 부드럽고 신축성이 좋으며 날개부분에 주로 사용.
패턴 파워네트	패턴 파워네트는 파워네트나 세틴 파워네트 위에 울이나 나일론사를 이용하여 여러 가지 다양한 무늬의 원단을 편직한 것을 말함.
파워네트	파운데이션의 주소재로 스판덱스(폴리우레탄)와 나일론으로 편직되어 그물모양으로 통기성과 신축성과 회복성이 좋으며 가벼움.
문직 파워네트	경편조직으로 신축성이 있으면서 강한 힘을 요하는 제품에 사용되며 주로 거들 과 올인원에 사용.
문직 새틴	경편조직으로 일반새틴 조직에 무늬를 넣어서 강도 있는 조직으로 편직하여 주로 기능성이 거들에 사용.
투웨이 트리코트	나일론과 폴리우레탄을 교편한 것으로 파워네트와 같지만 감촉이 뛰어나며 상하좌우로 모두 신축이 좋아 투웨이 트리코트라고 하며 면과 우레탄실을 같이 교편할 경우 겉은 폴리의 광택과 탄성이 느껴지고 안에는 면의 포근함이 느껴지는 독특한 원단으로 내의용으로 많이 사용.
더블 트리코트	더블 트리코트 기계에서 편직을 한 것으로 겉과 안의 구별이 없는 원단으로 부드럽고 짜임새 있는 소재를 필요로 하는 브래지어의 컵 부분에 주로 사용.
심플렉스	경편조직으로 강한 힘을 요하는 부분 즉 브래지어 앞중심 또는 컵부분에 사용.
탁텔	탁텔(tactel)은 듀퐁(dupon)사에서 개발한 기능성 나일론으로 실크처럼 부드러운 감촉과 내구성을 지닌 소재로 펄 광택과 뛰어난 벌키성과 드레이프성 뿐만 아니라 비치지 않아 실크 언더웨어의 대용으로 많이 쓰이며 나일론을 방사할 때 여러 단면 구조를 가지게 하여 단면구조에 따라 기능을 다양화시킨 새로운 나일론의 형태임.
소일리스	가네보에서 개발한 원단으로 아름다운 실루엣을 돋보이게 하고 정전기 방지효과 반영구적 먼지가 잘 붙지 않아 실크와 같이 부드러움.

소재의 종류	소재의 특성
메시 테이프	나일론과 스판덱스로 편직하여 신축성이 좋은 소재로 바스트업이 효과가 있음.
플라스틱 키퍼	브래지어의 날개가 넓거나 하이웨이스트 거들인 경우에 구부리면 말려 올라가는 폐단을 방지함.
주자 테이프	폴리에스텔 스파크사를 사용하여 재직한 테이프로 광택이 많고 브래지어 운동에 사용하며 리본에 사용함.
리버 레이스	레이스는 무늬의 다양성, 입체감, 선명함, 섬세함 등으로 평가되는데 리버레이스는 레이스 중 우수한 편에 속하며 우아하고 섬세함.
자카드 랏셀레이스	컴퓨터에 의해 짜여진 레이스로서 레이시 리버라고도 부르며 리버레이스와 구분이 어려우며 아름답고 정교함.
스트레치 레이스	리버레이스, 랏셀레이스에 스판덱스를 짜넣어 신축성이 있는 레이스임.
튤레이스	튤(망)에 자수를 놓은 레이스로서 섬세하고 입체감이 있어 아름다움.
토션 레이스	토션 기계로 편직한 레이스이며 목면이나 마직을 사용한 바탕에 질긴 레이스이며 부채꼴 무늬로 된 것이 특징임.
케미칼 자수	자수레이스중의 화학처리로 만들어진 레이스로서 자수레이스 기술을 최고로 살리며 가공공정도 복잡한 까닭에 고가임.

3) 기능성 화운데이션의 패턴에 요구되는 특성

기능성 화운데이션은 몸에 밀착되어 인체를 적당하게 받쳐주거나 조여줌으로써 착용 시 행동이나 인체생리에 방해를 주지 않으며 쾌적한 안정감을 유지하면서 몸매의 형태를 균형 있게 보정, 조형하는 것이 중요하다.

따라서 이런 기능을 위해서 가장 중요한 것은 인체의 각 부분에 맞는 기능적인 소재를 사용하기 위한 컷팅 선(cutting line)으로 복부는 눌러주고, 쉐이프-업(shape-up)할 수 있도록 다이아몬드(diamond)모양으로 컷팅 선이 들어가고 그 컷팅 선을 따라 더 강한 스트레치(stretch)원단을 사용하는 것이다. 또 가슴은 부드러운 레이스와 탄력이 뛰어난 와이어를 삽입하여 가슴라인을 올려주고 가슴 쪽에는 조임이 강한 원단을 사용하여 가슴라인을 입체적으로 모아주는 역할을 하도록 하며 힙 부위에는 V컷 라인을 이용하여 입체적인 힙 모양을 형성시켜 주기도 한다. 또한 전후보다 좌우를 좁게 설계하여 쾌적하고, 체형보정기능을 높이도록 한 사이드 서포트(side support)라 불리는 제품은 몸의 앞, 뒤로부터의 압력에 매우 강한 특성이 있고, 이것은 일반제품에 비하여 제품의 가로 폭은 좁고 전후 폭은 넓게 설계한다.

평면패턴구성의 경우에 비신축성 직물일 때에는 유연한 흐름과 여유분을 위해 식서방향을 바이어스로 하고, 다트선이 있는 경우 매끄럽게 밀착된 맞음새를 위해 가슴다트는 두 배로 늘려주지만, 다트선이 없는 경우 머리위로 착용해야 하기 때문에 허리둘레를 가슴둘레만큼 넓혀주고 신축성직물일 경우에 신축성이 큰 방향으로 식서를 정하고 가슴이나 몸판에 다트선없이 제도하며 비신축성, 신축성 모두 일반 의복에 비해 적은 치수로 제도한다. 또 입체구성의 경우에는 비신축성 직물일 때에 식서를 바이어스방향으로 하여 인체에 매끄럽게 맞도록 드레이핑하며, 신축성직물일 경우에 신축성이 큰 방향을 식서방향으로 하여 천을 약간 당기면서 드레이핑하여 다트선이 없이 인체에 자연스럽게 밀착되도록 한다. 니커나 캐미니커의 밑위선은 일반바지보다 1"이상 아래로 헐렁하게 두르고 드레이핑하여 충분한 여유를 준다. 또 비신축성 직물의 경우 바이어스 식서방향, 최소한의 다트솔기는 최상의 배합이지만 바이어스 식서로 인해 천의 소요가 많아지므로 대량생산에서는 신축성 직물로 원가를 절감하기도 한다.[31]

4) 봉제에 요구되는 특성

속옷의 우수한 기능성을 위해서는 봉제기술의 정밀성이 요구된다. 각 부분별 특성에 맞는 소재와의 봉제를 고려하여 단위 길이당 바늘 땀수도 신축성을 고려하여 적절하게 고려되어야 한다.

일반적인 속옷의 솔기처리로는 이중스티치, 지그재그 스티치, 오버록 스티치, 쌈솔, 통솔, 편평봉(flatlock seam : 천 겉면을 맞대고 2-4줄의 시로 솔기처리한 후, 솔기가 겹치지 않고 편평하게 될 때까지 양쪽에서 천을 당겨 시접이 없도록 처리한 기법) 솔기처리가 있으며[32] 밑단 및 가장자리처리로는 좁은 스갤롭(Scallop), 파이핑(piping), 바운드(bound), 서지(serge), 리본(ribbon), 피캇가장자리(picot edge), 엘라스틱(elastic : 고무줄로 든 천), 레이스(lace : 레이스처리방법에 많이 이용되는 레이스로는 갤룬(galloon:), 에징(edging:), 플라운스(flounce:), 인서션(insertion:), 비딩(beading:), 아플리케(applique:)[33, 34] 등이 주로 사용되며 레이스(lace)처리방법에 많이 이용되는 레이스로는 갤룬(galloon:), 에징(edging:), 플라운스(flounce:), 인서션(insertion:), 비딩(beading:), 아플리케(applique:) 등이 있다.

장식기법은 속옷의 제작시에 신축성, 비신축성 직물에 따라 다양하게 적용되며 솔기는 움직임에 따른 신축성을 주는 지그재그 스티치가 좋으며, 가장자리를 레이스나 리본, 파이핑, 엘라스틱 등으로 마무리 할 때 소재의 올이 풀리지 않는 성질을 이용하여 지그재그 손쉽게 장식할 수 있다.

제작기법은 신축성, 비신축성 직물에 쓰이는 봉제기법이 모두 쓰이며 비신축성일 때에는 직선 스티치로 하며, 신축성 직물일 경우에는 당기면서 직선 스티치 혹은 지그재그의 폭과 솔기나 가장자리는 피캇, 리본, 레이스처리방법 등을 이용한다.

① 밑단 및 가장자리처리방법

- 좁은 스갤롭(Scallop) : 말아박기 노루발로 천겉면에서 긴 지그재그 스티치를 하여 밑단을 스캘럽처럼 보이도록 장식하는 방법

- 파이핑(piping) : 배색천을 끼워서 박아 장식하는 방법
  같거나 다른색의 바이어스단으로 감싸는 장식방법

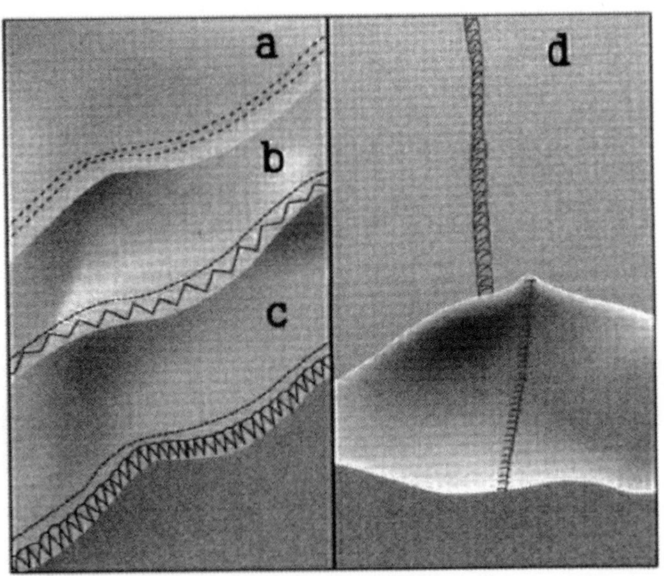

기본적인 솔기처리 (김지연, 전혜정 공저, 2005, p.111)

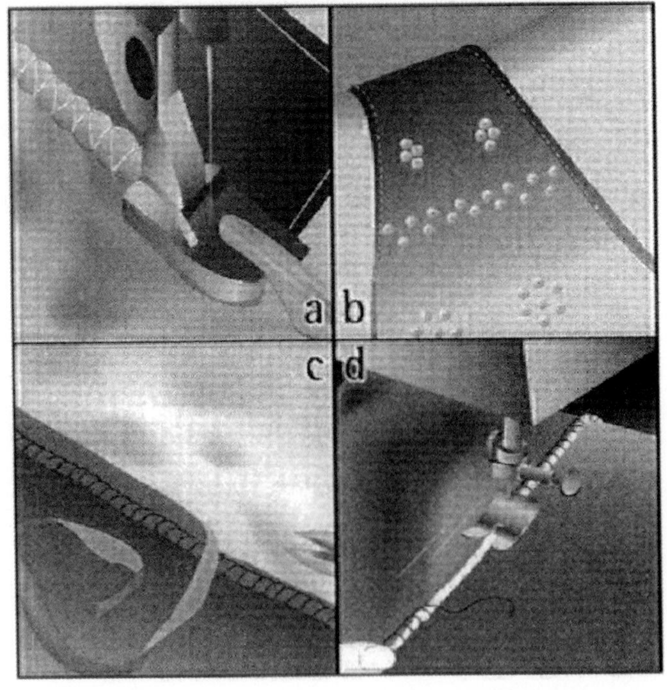

a: 스캘롭, b: 바운드 · 리본처리, c,d: 피콧처리 (김지연, 전혜정 공저, 2005, p.112)

• 서지(serge) : 서저라는 오버룩 기계로 꿰메기, 가장자리처리, 감치기를 한꺼번에 할 수 있으며 오버룩 봉과 편평봉으로 나뉨

• 리본(ribbon) : 리본을 천위에 탑스티치하거나 혹은 좁은 폭의 지그재그 스티치로 덧대는 방법과 리본으로 가장자리를 감싸는 바운드처리가 있음

• 피콧가장자리(picot edge) : 니트에 주로 쓰이며 밑단이나 가장자리를 3/8" 시접을 두고 자른 뒤 안쪽에서 접어 다리고 재봉틀 스티치 폭을 넓게 하여 가장자리를 따라 블라인드(blind)스티치, 오버에지(overedge)스티치 또는 블랑켓(blanket) 스티치를 하는 방법

• 엘라스틱(elastic) : 고무줄이 든 천으로 길이는 옷의 가장자리의 10%–20%정도 짧게 준비하며 옷과 엘라스틱 천을 4등분해서 각각 맞춘 후 옷위에 올려놓고 엘라스틱의 밑면을 지그재그스티치로 장식하는 방법

• 레이스(lace)처리방법의 종류
  - 갤룬(galloon):레이스의 양쪽 가장자리가 스캘롭으로 되어 있어 밑단처리에 많이 쓰이며 레이스 모양대로 잘라 쓸 수도 있음.
  - 에징(edging): 한쪽은 직선으로 의복에 연결되고 다른쪽은 스캘롭으로 되어 있어 바깥쪽밑단장식으로 쓰이며, 주로 폭(1/4"–6)이 좁아 러플처럼 사용됨.
  - 플라운스(flounce):에징보다 폭(6"–36")이 넓어 의복의 가장자리 혹은 일부분으로 쓰임
  - 인서션(insertion):가장자리가 직선으로 되어 있어 의복의 중간에 쓰임
  - 비딩(beading): 레이스에 끼울 수 있는 구멍이 있어 다양한 색상의 리본으로 장식하는 방법
  - 아플리케(applique): 독립된 모티브를 의미하며 레이스에서 잘라 쓸수도 독립된 모티프를 조각으로 이어 사용하기도 함

(3) 화운데이션의 종류

1) 브래지어 (brassiere)

(사) 앞가슴의 맵시를 내기 위한 것으로 가슴의 형태를 고정시켜 주고 지지하기 위해 여성이 입는 형태가 고정된 속옷이다. 어깨를 지나는 끈과 뒷 중심의 고무 밴드로 고정시킨 두개의 컵(cup)으로 되어 있으며 줄여서 '브라'라고도 하는데 20C 초에 처음 알려졌다. 소재는 면, 나일론, 레이온 및 스판텍스가 쓰이며 레이스나 자수로 장식하기도 한다.

(전) 바스트(bust) 부분을 보호하고 감싸며 적당한 조형하기 위해서 착용하는 기초 의상이다. 주된 역할은 가슴의 모양과 유두의 위치를 아름답게 유지시키고, 가슴의 크기나 좌우의 고저의 차 등을 교정하며, 겨드랑이 밑이나 가슴 주변에 있는 여분의 군살을 제거해 주어 전체적인 윤곽을 매력적으로 조정해 주는 것 이다.

프랑스의 브라시에르(brassiere)에서 기원한 것으로 여성의 가슴 모양을 아름답게 다듬는 목적으로 사용되는 화운데이션의 하나이다. 브래지어는 유방을 이상적인 형태로 정용해주고 긴박감을 부여함으로써 안정감을 주는 화운데이션으로 유방의 모양과 유두지점의 위치를 아름답게 유지하고 안정시키는 기능과 유방의 크기, 좌우 또는 고저의 차 등을 교정해주며, 그 밖에 겨드랑 밑이나 가슴주변에 있는 여분의 군살을 제거해 주어 전체적인 유방의 윤곽을 매력적으로 조정해 주는 역할을 한다. 브래지어는 마른사람에게는 적당한 가슴모양을 만들기 위하여 브라컵을 넣어서 조절하고 비만인 경우에는 가슴을 처지지 않게 그 형태를 유지시켜 준다.

최근에는 예전의 베이직한 상품의 이미지에서 벗어나 패션성이 가미되는 방향으로 전환되고 있으며 점차 강한 형태의 기능에서 소프트한 형태의 방향으로 전환되어 가고 있다.

브래지어 구입시 가장 중요하다고 생각하는 요소는 사이즈, 디자인, 색상, 가격, 기타 소재와 상표의 순으로 나타나고 기능성의 경우에는 활동성, 품질, 소재

등으로 나타났다. 착용시간이 길수록 디자인이나 색보다는 착용성과 가격을 많이 고려하며 착용 시 불만족스러운 사항은 사이즈에 관련된 사항 이외에 세탁 후 와이어가 잘 빠지거나 형태의 불안정성에 불만이 높으므로 올바른 세탁 및 보관법에 대한 정확한 명시가 필요하다.

브래지어는 그 형태와 디자인에 따라 다양하게 전개되며 브래지어의 가슴의 높이 및 위치 등은 유행하는 패션 실루엣의 영향을 받아 변화된다. 그 예로 하이웨이스트실루엣이 유행할 때는 가슴의 포인트를 위로 하고, 스트레이트나 A-라인 실루엣의 경우에는 가슴을 평평하게 표현하기 위해 패드를 넣지 않고 가슴의 과장을 피해 잘 드러나지 않는 듯한 브래지어를 사용하며 이브닝이나 섬머 드레스의 경우 어깨가 드러나는 경우에는 끈이 없는 스트립리스(strapless) 브래지어나 뒷길이 없는 백리스(backless)브래지어를 사용한다.

① 브래지어의 변천

브래지어는 고대 크레타섬의 코르셋으로 가슴을 조여 올려주면서 노출시켰던 것이나 고대 로마인과 그리이스인들이 가죽끈으로 가슴을 묶어 납작하게 만들었던 가슴을 감쌌던 띠형태에서 유래되었다고 볼 수 있다.

브래지어라는 용어는 1907년 미국판 보그(vouge)지에 최초로 등장했으며 1912년에는 영국잡지에도 나왔으며 1910년 경 바스트 익스텐더(bust extender), 바스트 쉐이퍼(bust shaper), 바스트바디스(bust bodice) 등의 용어로도 쓰였다.

20세기에 들어 가장 크게 발전된 속옷 가운데 하나가 브래지어로 코르셋에서 분리된 형태가 나왔으며 레이스로 장식한 바스트바니스라는 개량형도 나타났다.

1914년경에는 부드럽고 짧은 브래지어가 개발되었으며 1916년에는 어깨끈이 있는 브래지어가 나타났으며 1927년에는 두개의 둥근캡이 된 폭이 좁은 브래지어가 나타났으며 1930년에 이르러 가슴을 양분하는 두개의 컵 형태로 만들어진 현대적인 방법으로 가슴을 받쳐주고 강화해주는 역할을 하게 되었다. 1935년에 미국에서 최초로 꼭 맞는 캡이 고안되었고 1938년에는 끈 없는 브라가 도입되어 유행되었으며 와이어브라와 심을 댄 브라도 등장하였으며 1969년에는 원더브라가 획기적이었다. 그러다가 1983년 탄성섬유의 발전으로 끈 없는 브라가 개발되었으며 매우 가벼워 아무것도 입지 않은 듯한 노브라 브라(no bra bra), 유방확대 이식수술을 했을 때와 유사한 가슴의 골을 형성해주는 원더브라(Wonder bra), 수퍼 업리프트(Super- Uplift)같은 푸쉬업 브라류가 나왔다. 1965년에는 노브라가 유행하여 1969년에서 1970년 경에는 자연스러운 형으로 되었으며 1970년에는 전혀 심이 들지 않은 유방형태를 그대로 살린 모울드 브라가 현대까지 애용되고 있으며 드레스용, 여행용, 스포츠용, 일상용 등으로 구별되면서 속옷류도 T.P.O.개념에 따라 세분화되기 시작했다.

유럽은 최근까지만 해도 일광욕을 하면서 가슴을 드러내는 것을 자연스럽게 생각한 반면 우리나라는 30년 전만해도 아이에게 젖을 주는 모성의 상징으로 가슴을 드러내는 등 브래지어를 착용하기 시작한 역사는 매우 짧다. 1940–50년대에 브래지어가 도입되었으며 1950년대 신영의 비너스로 인해서 브래지어의 대중화 되었다.

브래지어는 란제리 가운데 가장 기본적이면서 복잡한 형태의 하나로 초기에는 평면형이었다가 두장의 삼각형모양으로 만들었다가 다시 1950년대에 둥근 콘 모양으로 변화되었으며 1970년대에는 소재가 가벼워지고 다양해졌으며 1980년대에는 여러 가지 다색의 브라가 등장하게 되고 1990년대 초에는 원더브라가 유행하기 시작했다.

② 브래지어의 구조 및 기능

브래지어는 가슴, 어깨 등의 3개 밴드로 유방을 압박, 고정하여 유방의 흔들림을 방지하고 유방의 크기와 가슴둘레 및 위치변화를 방지하고 보정해 주기 위해 브래지어를 착용함으로써 처진 가슴을 올려주고 퍼진 가슴을 모아준다.

■ 브래지어 구조에 따른 부분적인 명칭

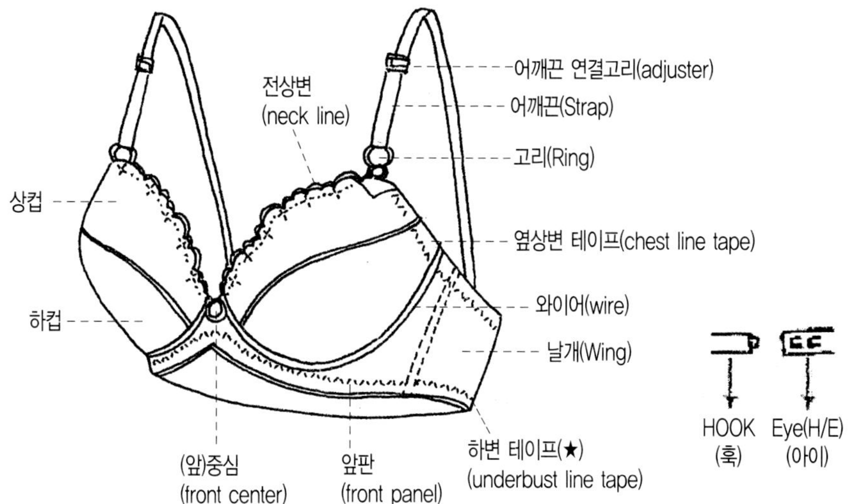

브래지어를 구성하는 3대 요소로는 컵(Cup), 스트랩(Strap), 날개(Wing)이며 5대요소로는 컵(Cup), 스트랩(Stap), 날개(Wing), 앞중심(Front Center), 훅과 아이(Hook & Eye)로 나뉘며 그밖에는 전상변(neck line), 옆상변(chest line), 앞판(Front panel), 하변(underbust line), 어깨끈 연결고리(adjuster) 등이 있다.

- 스트랩(Strap어깨끈) : 바스트를 안정시키기 위한 보조수단으로 사용.
- 끈조절(Adjuster Ring:어깨끈 연결고리) : 어깨끈의 길이를 조절하기 위한 보조 수단.
- 컵(cup) : 유방을 아름답게 보정하고 보호하는 기능으로 유방을 위에서 덮어주고 눌러주는 상컵 1장과 컵아래 중앙부분에서 젖꼭지 점을 향해 유방을 올려주는 역할을 하는 하컵은 2장으로 구성되는 것이 보통.
- 훅과 아이(Hook & Eye) : 고정시키는 역할로 길이조절을 위해 고리가 2단, 3단으로 구성.

• 날개(Wing) : 겨드랑이 부위의 근육을 눌러주는 역할로 자연스러운 착용감을 위한 것으로 신축성이 있는 소재를 사용.
• 와이어(wire) : 컵하부에 넣어 가슴을 받쳐주고 조형성을 올려주는 기능으로 일반적으로 철사에 나일론 코팅 등의 녹방지가공과 양끝에는 비닐캡이나 수지가공으로 피부의 촉감을 좋게 하며 그 밖에도 형상기억합금이나 와이어가 들어있지 않은 것도 있음.
• 앞판(front panel) : 유방의 위치를 고정하기 위한 것으로 신축성이 없는 것이 많음.
• 옆선(chest line) : 옆구리를 가지런히 조절하여 유방을 안정되게 고정.

■ 이상적인 브래지어의 기능

1. 연령과 체형의 특성 및 결혼, 임신, 출산, 수유로 생길 수 있는 가슴의 형태 변화를 미리 방지하거나 보정하는 역할을 담당.
2. 기본적으로 가슴을 받쳐줄 뿐만 아니라 가슴의 모양과 유두점의 위치를 아름답게 유지하고 안정시키는 것과 유방의 크기, 좌우 또는 고저의 차등을 교정해주며 겨드랑이 밑이나 가슴주변의 여분의 군살을 제거하여 주는 역할을 담당.
3. 운동시 신체의 국부적인 진동을 억제하여 유방의 흔들림이 큰 외측부분을 브래지어로 70-80% 방진하는 효과를 얻음.[35,36]
4. 브래지어는 유방에 밀착하여 몸매를 보정해주는 것으로 사이즈가 잘 맞아야 하며 일정한 압박감을 부여해 위치를 안정시킴.

브래지어는 단순히 유두가 드러나는 것을 방지하는 기능만을 하는 것이 아니며 가슴의 크기에 잘 맞아야 가슴이 처지지 않도록 받쳐줄 수 있으며 연령에 따른 신체조건을 고려해야 한다. 예를 들어 주니어의 경우 성장 단계에 있으므로 부드럽고 완만한 와이어로 가슴혈관을 누르지 않아야 하며 가슴 성장에 저해가 되지 않고 도와줄 수 있는 것이 필요하다.

성장기 가슴 형성에 도움이 될 수 있는 브래지어의 5가지 조건을 보면 앞선이 잘 맞으면서 가슴 성장에 지장을 초래하지 않아야하고 컵은 유방크기보다 여유가 있어 누르지 않아야 하고 유방모양형성에 도움이 될 수 있는 유방형이 살도록 해야 하며 완만한 커브로 가슴을 누르지 않으면서 날개부위의 조임을 적절하여 밑가슴 부위가 들뜨지 않도록 손을 위로 뻗었을 때 브래지어가 움직이지 않아야 한다.

성인용 브래지어의 치수체계에 관한 실태조사에 의하면 우리나라 홈쇼핑에서 판매되고 있는 브래지어의 연령타켓은 넓게는 20대 후반에서 50대 초반으로 설정하고 있으며, 주 타켓연령층은 30대 중반에서 40대 초반의 기혼여성을 설정하고 있는 것으로 나타났다. 또 홈쇼핑거래 생산업체의 경우 A컵과 B컵을 7:3으로 제조하고 있으며 사이즈별로는 A컵의 경우 75A: 80A:85A: 90A:= 35:45:15:5, B컵의 경우 75B:80B:85B:90B=30:40:25:5로 나타난 것으로 보아 A컵의 경우에 80A과 75A가 80%를 차지하며 B컵의 경우에는 80B가 40%로 높게 나타났으며 전체적으로는 80A, 75A, 80B, 85A 순으로 생산되는 것으로 보아 이 4가지가 보편적인 사이즈임을 알 수 있다.[37]

③ 브래지어의 종류

브래지어는 가슴의 크기와 모양, 형태, 날개의 구성, 후크의 위치 및 끈의 여부 등에 따라 다양한 종류가 있으며 그 밖에 용도와 패션성 및 기능성에 따라 겉옷화된 의상으로 착용하기도 한다.

일반형, 스탠다드형, 밴드브라 등으로 불리는 뒤 후크, 소프트 캡의 것을 중심으로 다양한 종류가 있고 디자인 변화도 풍부하다. 바스트 전체를 감싸는 풀 컵 브래지어, 반 정도인 하프캡 브래지어, 그 중간형인 3/4캡 브래지어, 삼각형 캡, 롱 브래지어(웨이스트까지 이어지는 바디라인을 다듬는 길이가 긴 것), 어깨끈이 없는 스트랩리스 브래지어, 후크가 앞에 붙어 있는 프론트 후크 브래지어 등이 대표적인 스타일이다.

■ 컵의 높이에 따른 종류

명 칭	도식화	스타일	특 징
풀컵형 (full cup)			유방 전체를 감싸는 스타일로 평안하고 자연스런 실루엣을 만들어줌으로써 성장기 소녀와 중, 고령층 여성들에게 적합함.
3/4컵형 (three quaters cup)			유방을 가슴 중심으로 몰아주는 형태로 작은 형태도 가슴사이를 강조할 수 있으며 다양하게 연출이 가능함으로서 젊은 여성층에게 선호됨.
1/2컵형 (half cup)	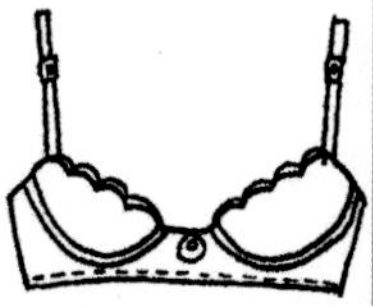	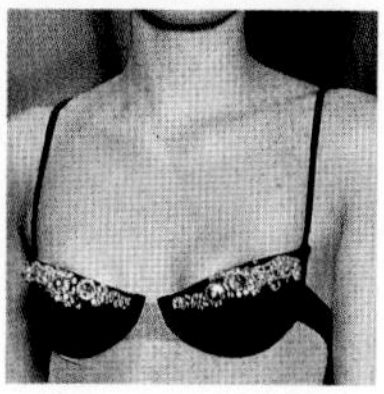	네크라인이 깊게 파인 옷 착용시에 편리하며 탈부착이 가능한 스타일이 많으며 가슴을 정확하게 지지해주는 날개의 긴장성이 필요함.

■ 브래지어의 날개형태에 따른 종류

U자형(standard form)	H자형(straight form)	백리스형(backless form)
	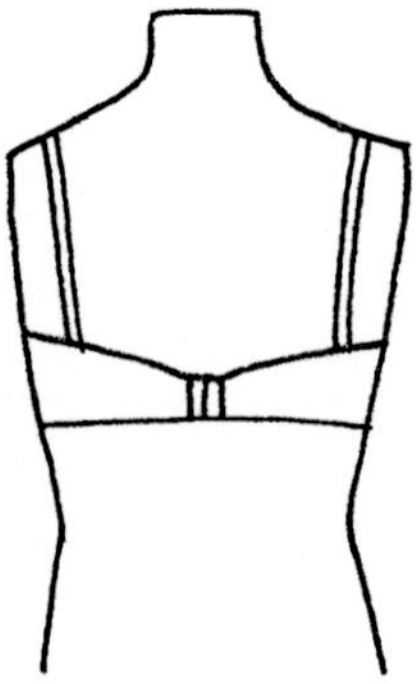	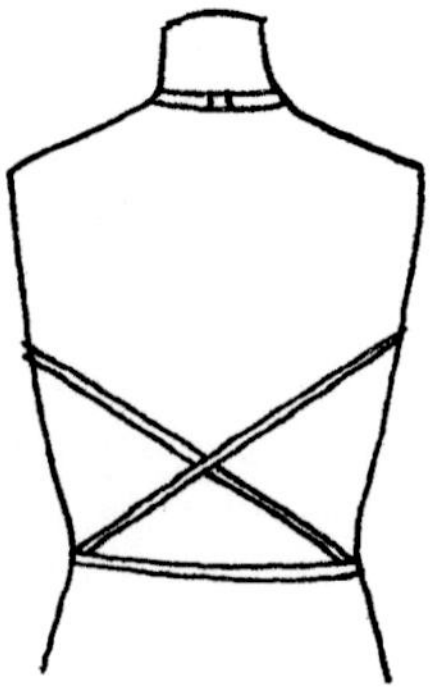

■ 날개부분에 따른 종류

명 칭	도식화	스타일	특 징
테이프 (tape)형		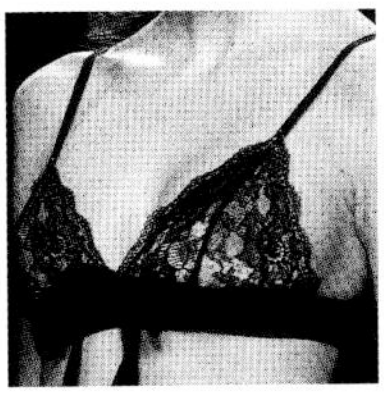	날개부분을 테이프로 처리, 컵은 주로 삼각형. 여름용으로 적합. 주니어용임. 가슴을 완전히 감싸지 못해 기능성이 떨어지며 훅앤아이 대신 주로 Z고리 사용.
벨트 (belt)형	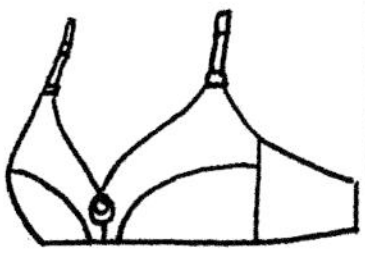	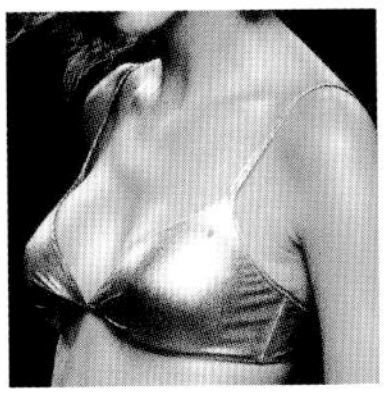	기능성보다는 편안한 착용감이 우선. 빈약형 또는 주니어용으로 적합. 가슴을 폭 넓게 안정되게 받쳐 주며 앞 밑받침이 분리되어 있지 않은 형태.
라운드 (round)형	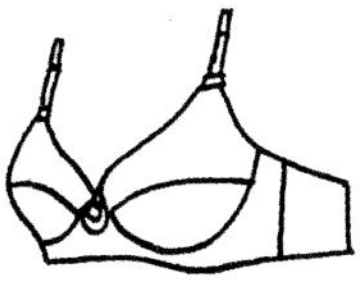		기본스타일로서 컵 하단이 둥글게 처리된 형태로 가슴 모양을 가장 자연스럽게 보정하고 표준체형이나 가슴이 돌출된 체형에게 적합.

■ 기능성에 따른 분류

명 칭	도식화	스타일	특 징
사이드 스트레치형 (side stretch)	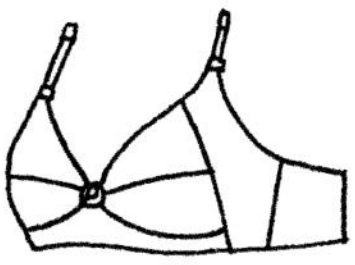		컵의 측면을 스트레치성 소재로 구성하며 날개의 폭이 넓은 형태. 옆으로 퍼진 가슴을 안쪽으로 모아주고 눌러줌.
풀 사이드 스트레치형 (full side stretch)	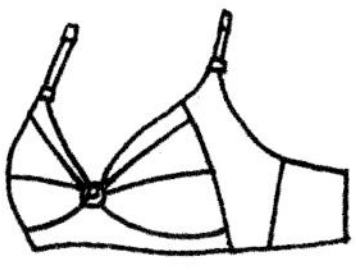	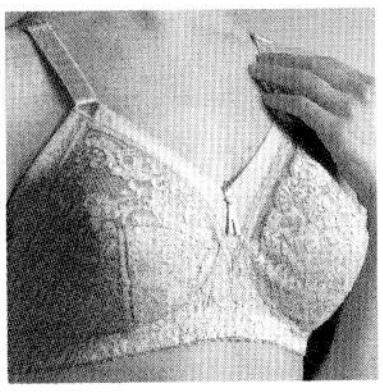	컵의 전상변과 옆상변을 스트레치 소재로 구성. 낮고 넓게 퍼진 가슴의 살을 모아주고 유방의 모양을 아름답게 보정. 조형성이 가장 큰 형.

명 칭	도식화	스타일	특 징
스트랩리스형 (strapless)	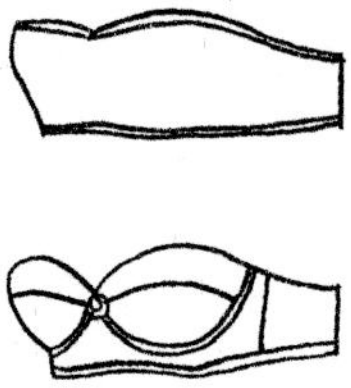	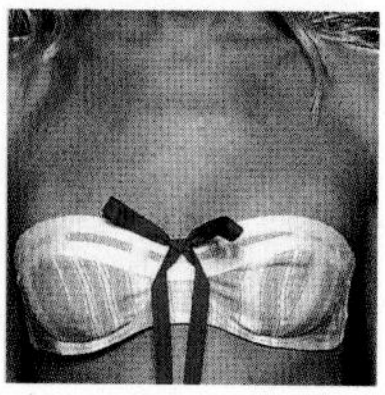	사용끈이 없는 브라로 다용도로 사용가능하며 Z고리를 사용.목적 및 취향에 따라 끈을 조정하며 대부분 컵하단에 와이어를 부착함. 어깨끈의 위치에 따라 탈부착 가능하여 X형의 어깨끈 형태인 홀터네크(halter neck)도 가능. 컵둘레에 와이어를 넣음. 노출이 많은 여름이나 웨딩 드레스 등에사용하며 새가슴이거나 가슴볼륨이 작은 경우에 좋음.
스포츠형 (sports)	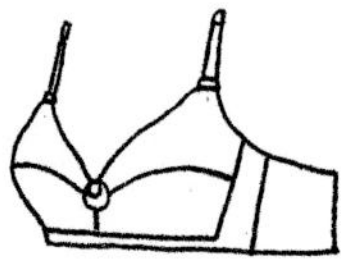		레저활동이나 운동시 착용하는 브라로 스트레치성이 강한 소재에 컵 하단둘레에 mash tape를 부착하여 심한 운동에도 mash tape가 자연스럽게 늘어나 가슴형태를 안정시키며 활동을 편하게 해주며 면소재를 사용하여 땀흡수가 잘되며 자연스런 fit감을느낄 수 있으며 활동성이 많은 중, 고등학생들이 많이 착용함.
레저형 (leisure)	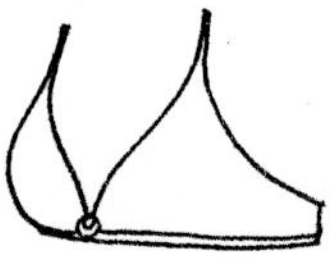	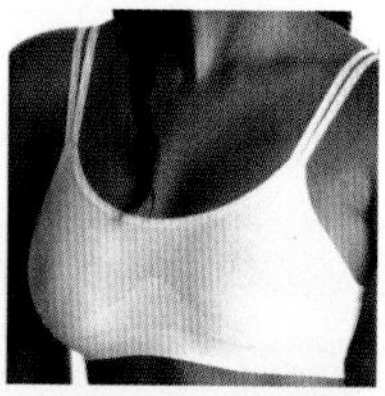	가벼운 레이스로 이루어진 미구조의 브라로 집에서 입거나 잘 때 입는 브라.
프런징형 (plunging)	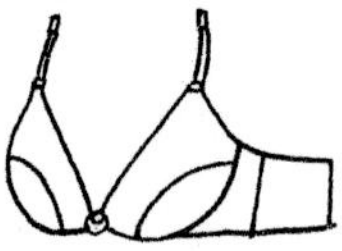		앞이 네크라인이 V자로 파여진 브라로 깊게 파인 의복 아래 입는 브라.
데꼴데형 (decollete)	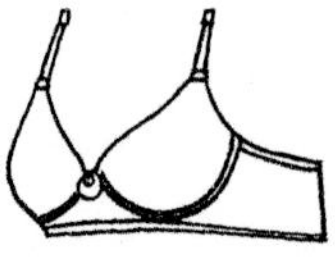		깊게 파인 브라로 밑을 지탱하기 위해 철사로 고정되어 있으며 깊게 파인 드레스에 받쳐 입는 브라.

명 칭	도식화	스타일	특 징
데미형 (demi)			아래 반쪽은 불투명하며 밑을 지탱하기 위해 철사로 고정하며 위의 반은 비치며 많이 파져 깊게 파인 의복에 입는 브라.
마티니티형 (maternity)			산후 수아용 브래지어로 뒷부분의 후크아이 대신 앞부분에 단 및 고리 등을 사용하고 수유시 컵부분을 개폐할 수 있어 편리함.
프론트 후크형 (front hook)			뒷분분의 후크 앤 아이 대신 앞 중심에 피스톤 고리를 사용하여 앞으로 착탈 할 수 있어 편리하며 뒷모양이 매끄럽게 처리됨으로써 아름다움.
언더매쉬형 (under mash)			앞판의 컵하단 및 라인부분에 통기성 테이프(mesh tape) 및 신축성이 강한 특수테이프를 사용하여 심한 운동 및 활동에도 앞판이 따라 올라가지 않게 여유를 주어 활동적이거나 가슴 큰 여성에 적합형상합금으로 만든 특수 와이어에 아름다운 모양을 기억시킨 브라로 세탁후에 와이어의 변형이 있어도 체온에 닿으면 이전 형태로 돌아와 가슴을 보정.
맘형 (Mam)			가슴이 큰 체형을 위해 만든 브래지어로 보통 고연령층에 적합한 브래지어로 가슴을 전체적으로 감싸는 스타일.

■ 보정형에 따른 분류

명 칭	도식화	스타일	특 징
롱 라인형 (long-Line)		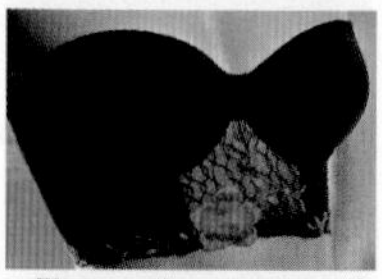  	언더바스트라인에서 허리선까지 내려오는 브라로 가슴을 지탱하기 위한 디자인으로 상반신 보정에 적합하며 윗배의 군살을 제거해줌. 보통 4-11cm로 내려오나 밑 가슴 둘레선에서 하변테이프까지의 길이에 따라 semi long(4~6cm), standard long(8~11cm), low long(11~14cm)으로 구분.
와이어형 (wire)	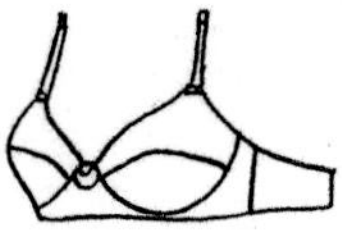	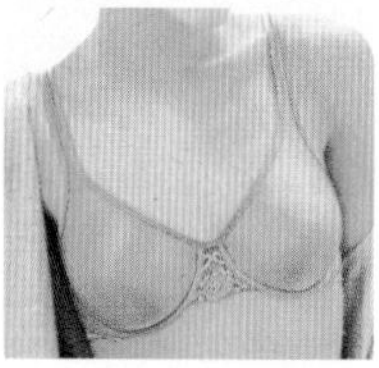	받쳐주는 힘을 위해 컵 아래에 철사를 넣은 모든 브라로 컵하단 둘레선에 와이어를 넣어 구성. 퍼진 가슴을 모아주고 처진 가슴을 바스트 업시켜 주므로 처진가슴에 적합.
심리스형 (seamless)	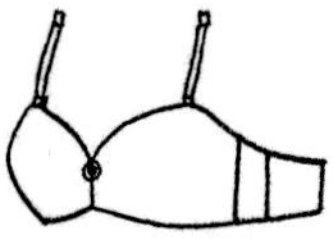		부직포나 스폰지 패드를 사용하고 두께를 조절하여 몰드(mould)공법으로 입체감있는 다양한 컵모양을 제작함. 컵에 봉제라인이 없는 브라의 총칭으로 상하컵의 이음선이 없어 심플한 느낌. 니트나 신체에 피트되는 의복과 빈약한 가슴에 적합하며 하드한 소재인 경우에는 정용효과가 큼.
몰드형 (Mold)	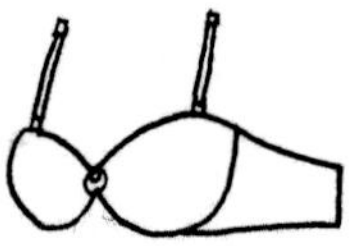	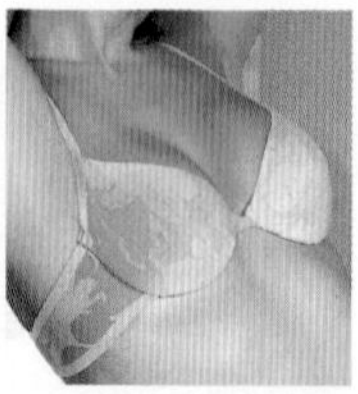	기계로 컵자체를 찍어낸 브라로 컵에 이음선이 없는 브라로 신축성 원단을 스팀에 의해 가열하여 컵모양을 만든 브라로 가슴선이 매끈하고 착용시 부담이 없어 볼륨감있는 체형에 좋음.

④ 체형과 브래지어 선택[38]

브래지어는 형태와 디자인에 따라 다양하게 전개되며 브래지어의 가슴의 높이 및 위치 등은 유행하는 패션 실루엣의 영향을 받아 변화된다. 그 예로 하이 웨이스트실루엣이 유행할 때는 가슴의 포인트를 위로 하고, 스트레이트나 A-라인 실루엣의 경우에는 가슴을 평평하게 표현하기 위해 패드를 넣지 않고 가슴의 과장을 피해 잘 드러나지 않는 듯한 브래지어를 사용하며 이브닝이나 섬머 드레스의 경우 어깨가 드러나는 경우에는 끈이 없는 스트립리스(strapless) 브래지어나 뒷길이 없는 백리스(backless)브래지어를 사용한다.

- 가슴이 작은 사람 : 보정효과가 있는 몰드형, 3/4형브래지어,1/2컵
  1/2컵은 가슴 아래쪽을 밀어 올리므로 가슴이 커 보이는 효과
  3/4컵은 겨드랑이 살을 모아 가슴을 올려주므로 가슴이 상대적으로 커 보임.
- 가슴이 큰 사람 : 큰 가슴을 둘러싸는 와이어가 들어있는 완전컵의 브라
  너무 큰 것이 걸리는 사람이나 피트되는 옷을 착용하는 경우에는 와이어가 없는 완전컵을 착용하는 것이 좋음.
- 새가슴인 경우 : 와이어가 들어있는 3/4컵 브라로 바닥면적이 넓은 것
  바닥면적이 크고 가슴상부와 가슴의 경계선이 확실하지 않은 체형으로 3/4컵이 좋으나 단 컵의 겨드랑이나 윗부분이 신축성이 있는 완전컵으로 와이어가 없는 것을 착용하는 것이 효과적.
- 벌어진 가슴 : L자형 와이어, 와이어가 없는 브래지어, 스포츠 브래지어 등의 장시간의 착용으로 인해 벌어지게 되므로 와이어가 정면에서 보아 바깥이 더 높고 컵 절개선이 45정도 기울어진 것이 모아주는 데 효과적.
- 퍼진 가슴(반구형, 새가슴형) : U자형 와이어 브래지어
  큰 가슴으로 퍼진 형태의 경우 작은 브래지어의 경우에는 살을 비집고 나오므로 가슴선이 흐트러지므로 U자형이나 풀컵으로 가슴을 감싸고 와이어로 살을 모아 단정한 선을 만들어줌.
- 좌우 가슴이 다른 경우 : 구입시 큰 가슴에 컵을 맞추어서 선택하며 분리형 패드브래지어사용으로 작은 가슴부분에 패드를 사용하여 크기의 차이를 커버할 수 있음.

- **앞으로 쳐지는 가슴** : 유방은 겨드랑이나 상반신의 움직임에 따라 바깥쪽으로 움직이므로 유방간격이 넓기 때문에 와이어가 들어있는 것이나 겨드랑이를 누르는 것이 강한 형태가 좋음.
- **아래로 쳐지는 듯한 가슴** : 아래 패드가 있는 브래지어
  컵 높이가 높고 비스듬한 것으로 바스트 포인트를 올려주는 것으로 컵 아래가 패드나 봉제선이 확실해서 시각적인 리프트 업 효과가 있는 것을 착용하며 컵은 소프트 한 것보다 하드한 것이 효과적. 출산 후 모유수유로 인한 부인층에 많으며 누드와 브래지어 사이즈의 차이가 큰 사람으로 아래로 늘어진 부분을 올려주면 사이즈가 1–2정도가 커지는 것을 감안해서 완전컵이나 와이어가 들어있는 것을 선택하는 것이 좋음.
- **겨드랑이 군살이 있는 경우** : 롱라인브라를 사용하여 아랫 부분까지 날씬하게 보이게 해주는 장점이 있음.
- **돌출형(방추형)** : 가슴 아래부터 배가 나온 타입으로 예상외로 흔히 볼 수 있는 체형으로 상반신 전체를 조형해주고 윗배의 군살을 눌러주는 롱라인 브래지어가 좋다.
- **윗배가 나온형** : 컵전 후의 바스트로 볼륨이 큰 경우, 컵 사이드 스트레치형으로 바스트를 안정시켜 주기도 하며 몰드 홑겹류로 볼륨을 살려 주기도 한다.
- **어깨가 넓은 사람** : 어깨끈을 안정감 있게 조절할 수 있는 것을 선택하고 어깨끈의 폭이 넓은 듯한 것을 하는 것이 좋음.

⑤ 브래지어 제작과정

브래지어의 제작과정은 보기와는 달리 섬세하고 주의를 요하는 과정이 많고 까다로운데 그 가운데 대표적인 과정을 몰드브래지어를 중심으로 간략하게 살펴보면 다음과 같다.

> 기본패턴만들기 및 패턴배치 – 원자재 및 부자재 재단하기 – 컵만들기 – 컵연결하기 – 날개달기 – 테이프치기 – 와이어넣기 – 어깨끈달기 – 훅과 아이달기

■ 기본 패턴만들기 및 원단에 패턴배치

브래지어의 컵, 날개, 하단 등의 기본패턴을 두꺼운 종이에 옮겨 준비 한 뒤 재단하고자 하는 원단 위에 얇은 종이를 깔고 옷감에 있는 무늬의 상하좌우 및 결방향에 잘 맞도록 패턴을 그린 뒤 맨밑의 천까지 움직이지 않게 고정시킨다.

견본패턴만들기

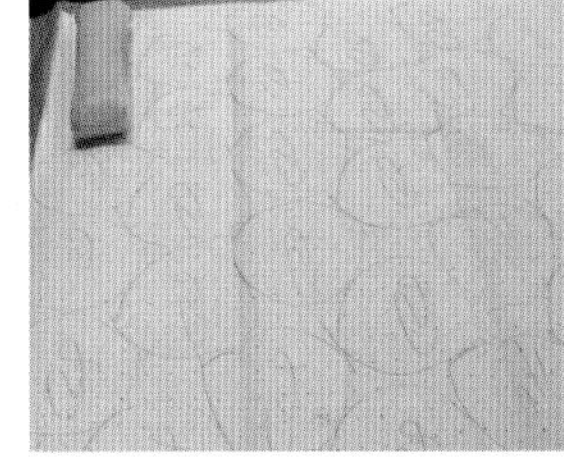
패턴배치

패턴배치

■ 원자재 및 부자재 재단하기

겉감 및 안감, 부자재등은 일반적으로 커팅기로 대량으로 재단하지만 그 밖에 배색되는 레이스 모티브라든지 장식의 경우에 별도로 각각 하나씩 사람이 재단해야 하는 경우도 있다.

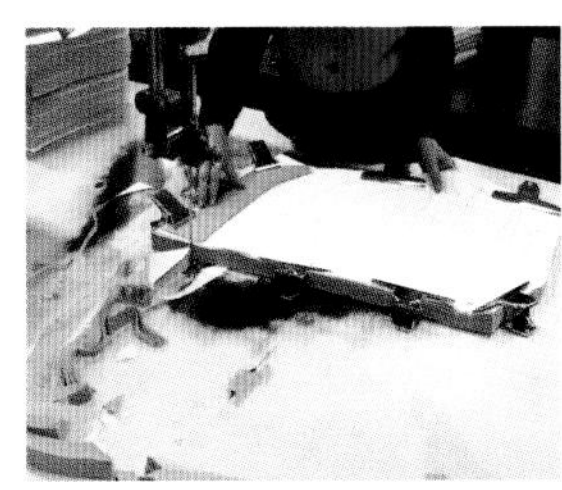
원단커팅하는 모습

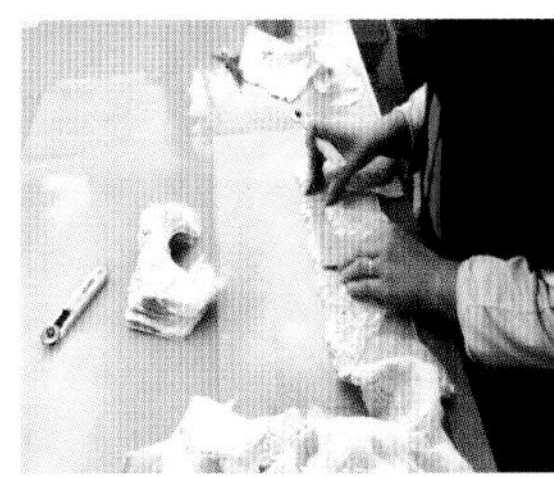
레이스재단모습

재단된것 정리

■ 컵만들기

패턴에서 일반적으로 컵안쪽의 위, 아래의 부분으로 분리되어있는 두개의 안감부직포를 붙이고 상침한뒤 컵의 바같쪽의 부직포가 보이지 않도록 겉감과 안쪽의 안감부직포를 브래지어의 컵 모양에 맞도록 잘 씌우고 연결시켜 정리하여 컵을 만든 뒤 컵상변을 오버룩으로 처리한다.

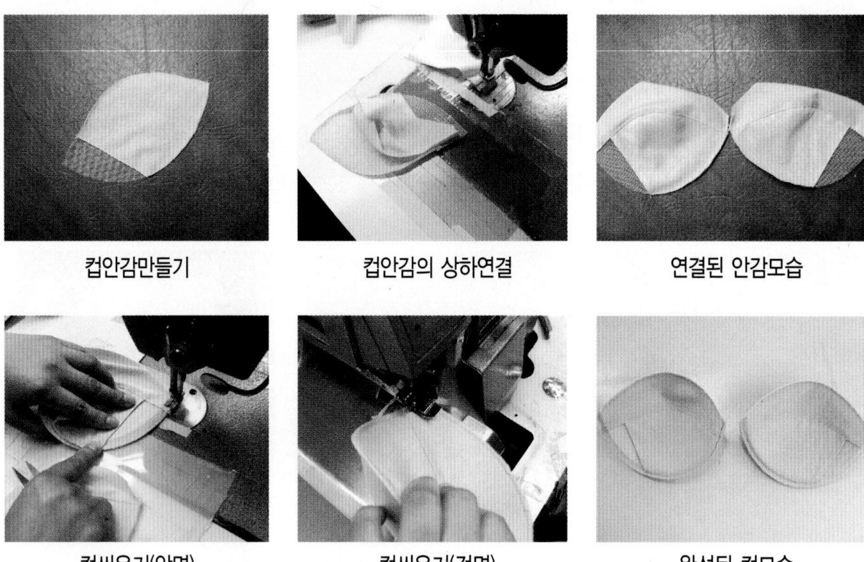

컵안감만들기 / 컵안감의 상하연결 / 연결된 안감모습

컵씨우기(안면) / 컵씨우기(겉면) / 완성된 컵모습

■ 하단 정리 및 컵과 연결하기

재단된 하단을 모양에 맞게 연결시켜 완성한다. 즉, 앞중심을 박아 앞판의 하단을 정리한뒤 완성된 두개의 컵을 완성된 하단에 본봉을 이용해 연결하여 붙인다.

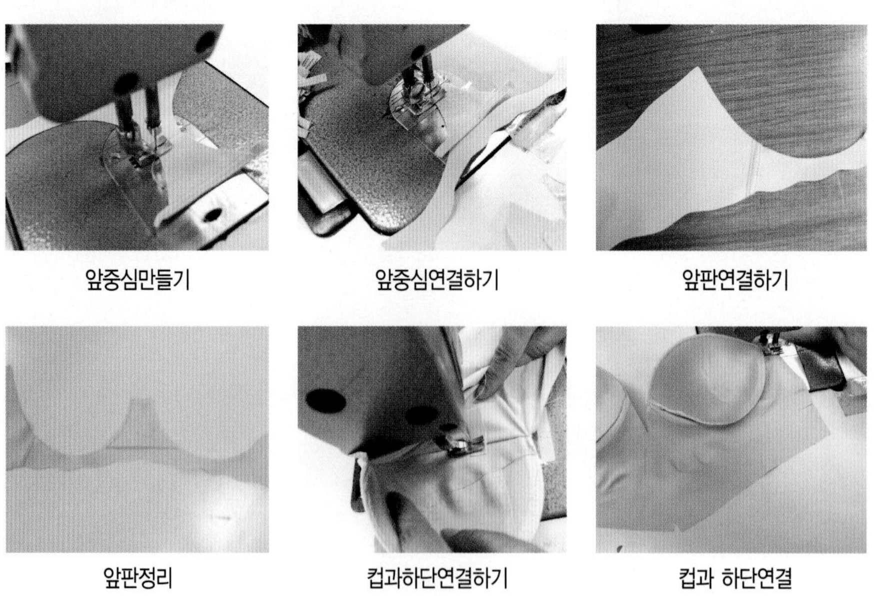

앞중심만들기 / 앞중심연결하기 / 앞판연결하기

앞판정리 / 컵과하단연결하기 / 컵과 하단연결

■ 날개달기

앞판과 날개를 본봉으로 연결한뒤 시접이 밖으로 보이지 않도록 상침한다.

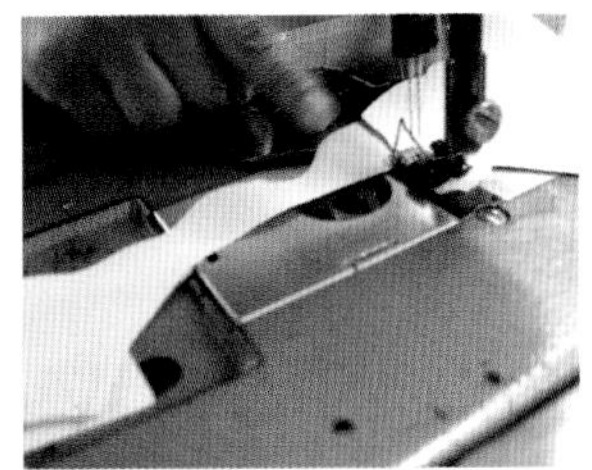

날개연결하기

■ 하변과 옆상변에 테이프 치기(헴처리가 아닌 경우)

밑단의 하변부분과 옆상변을 밀리거나 울지 않도록 주의하면서 테이프를 친뒤 그 테이프 끝부분을 지도리로 정리한다.

하단, 옆상변테이프치기

■ 와이어 넣기

앞쪽위에서 1/4상침으로 일정하게 상침하여 와이어테이프를 박은 후 그 안에 와이어를 넣고 테이프 끝을 도매시킨다.

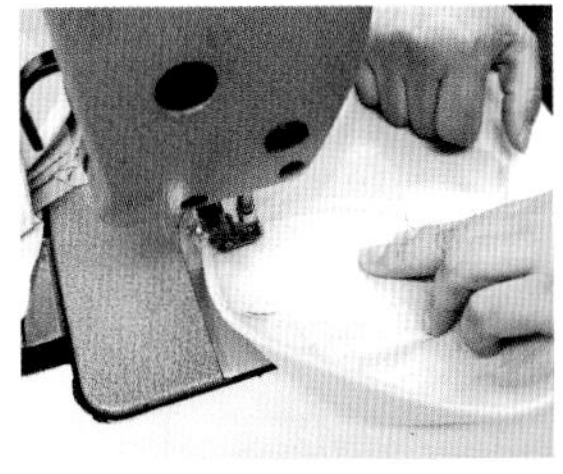

와이어테이프치기

와이어넣기

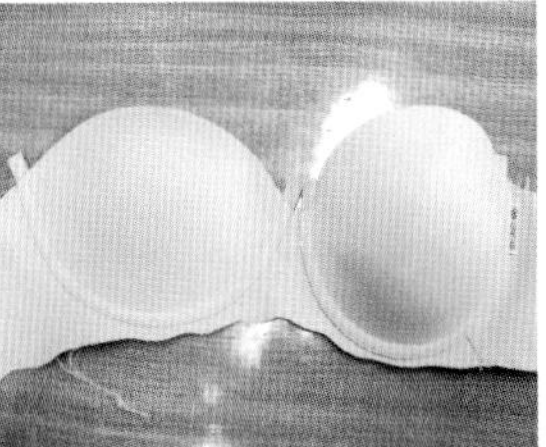

와이어유무에 따른 비교

■ 어깨끈달기

앞어깨끈은 컵의 앞상변과 옆상변이 만나는 지점에 테이프에 고리를 꺽어 도매시키고 컷팅하고 난 뒤 어깨끈은 앞끈과의 어깨거리를 생각하여 디자인에 따라 정해진 위치에 시접을 정확히 덧대어 굴곡을 따라 단 후 지도리를 친고 나온부분은 잘라 정리한다. 또한 탈부착끈의 경우에 끈을 끼워 정리해준다.

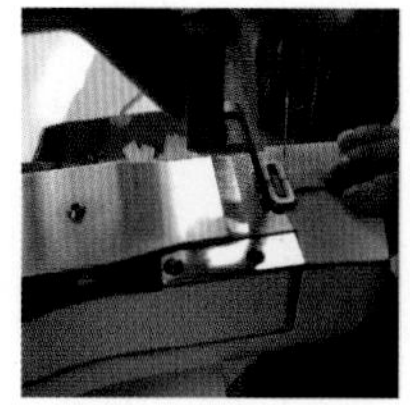

어깨끈 연결하기

앞어깨끈단것

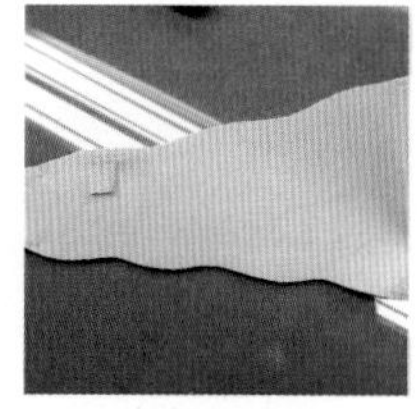
뒤어깨끈단것

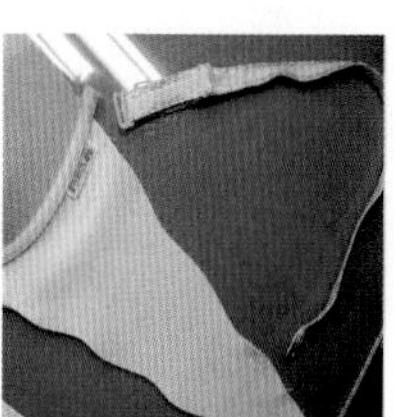
끈끼우기

■ 훅과 아이 및 악세서리 부착으로 완성

양쪽 각각의 날개끝에 훅과 아이를 단뒤 지도리를 쳐서 단뒤에 끝이 풀리지 않도록 간도매한 후 필요한 부분에 각종 브랜드 로고및 장식 등의 악세서리가 있는 경우에 부착한다.

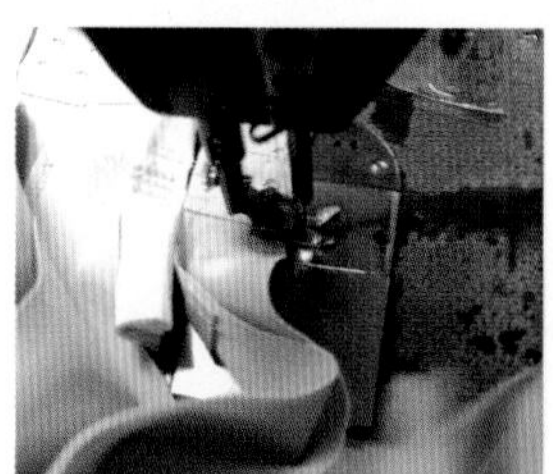
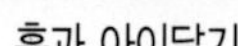
훅과 아이달기

완성된 안면

안성된 겉면

■ 마무리 및 검품

제작과정을 걸쳐 최종적으로 제품을 검사하는 과정 또한 매우 중요하다.

일반적으로 속옷의 검사과정에서의 중요한 것이 무엇인지와 검사순서를 살펴보면 다음과 같다.

■ 브래지어 검사의 순서 및 요령

• 제일먼저 하변의 좌우의 균형 및 실이 끊어졌는지의 여부파악
• 고리 및 우측어깨끈 날개에서 실이 끊어지거나 끈이 꼬이지 않았는지의 여부와 겉과 안이 같은지를 파악
• 컵의 검사에서는 우측컵먼저 본뒤 좌측컵을 보며 시접이 일정치 못하지 않은지? 실조시가 고른지? 때로 인한 불량은 없는지? 컵형이 틀린게 있는지의 여부을 판단
• 좌측 어깨끈 날개 및 각종 라벨에 있어서 실이 끊어진게 없는지? 안과 겉이 틀린것이 없는지? 꼬인게 없는지 및 달아야할 모든 것이 다 있는지의 여부를 파악

■ 검사의 기본원칙

• 부러진 바늘이나 기타 불필요한게 들어있는지의 여부
• 컷트부위, 레이스컷트 부위, 후처리과정상태를 정검
• 후처리상태의 정검
• 봉제의 표준상태의 정검
• 자재의 불량상태 정검
• 단차이 및 어깨끈 꼬인 상태정검
• 늘어지는 쉬운 자재의 경우의 방지책 정검
• 염색불량 및 색상 차이에 대한 문제점 정검
• 품질표시, 싸이즈라벨, 부속 및 장식이 정확한 상태를 정검
• 때불량의 심한 정도 정검

몰드 브래지어

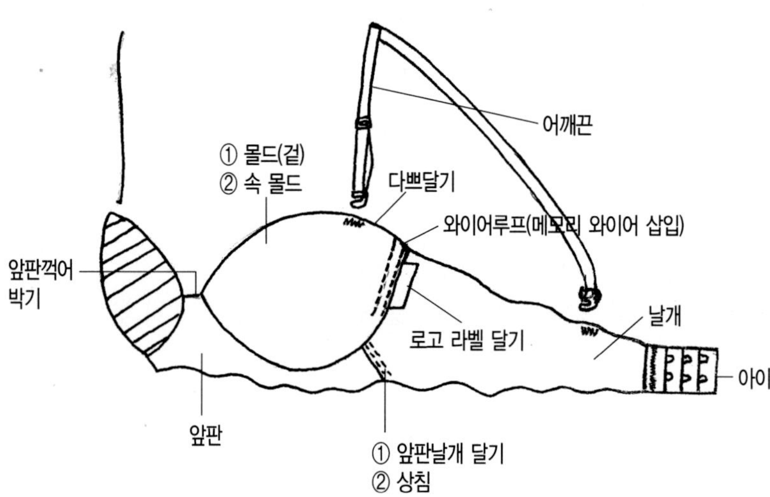

일반컵 브래지어 (햄처리 아닌 경우)

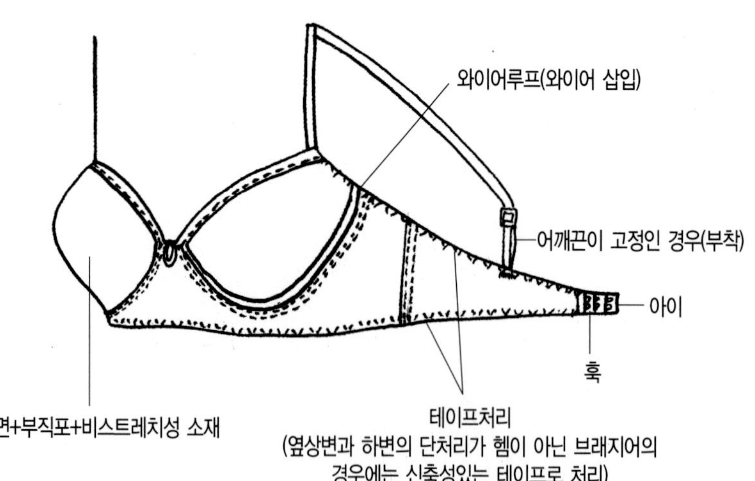

■ 다양한 브래지어

2) 거들 (girdle)

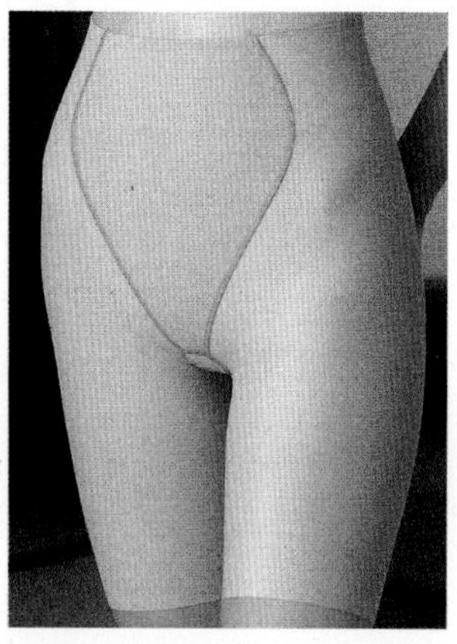

(사) 하반신 또는 다리의 형태를 아름답게 정돈시키기 위해 고안된 속옷인데 신체의 굴신이 자유롭고 뼈가 들어 있지 않는 것이 코르셋과는 다르다. 스포츠가 성행하는 20C에 와서 신체의 아름다움을 추구하게 됨으로서 코르셋 대용으로 고안되었다. 처음에는 고무를 소재로 사용하였으나 최근에는 탄성섬유인 스판텍스로 대체되고 있다.

(전) 여성들에게 있어서 가장 비만해지기 쉬운 부분인 허리, 배, 엉덩이의 선을 매끈하게 보정하는 기능을 위해 착용하며 탄력성 있는 섬유를 사용한다. 거들은 변형된 교정복 및 정형외과의 치료 장구로도 사용할 수 있다.

거들은 몸통의 아래쪽을 둘러싼 밴드모양의 속옷으로 과거에는 코르셋이라고 불렀으며 현대에는 소재와 기능이 다양화되면서 거들로 칭하게 되었다. B.C. 1500년경의 상아로 된 조상에서 보여지는 크리트시대의 코르셋을 현대 파운데이션의 원조로 보고 있고 있으며 20세기 초에 일반화되었다.

허리와 복부, 힙, 대퇴부등의 형을 다듬기 위한 속옷으로 코르셋에서 발전하여 1920년경부터 거들이라는 명칭으로 사용하기 시작하였다. 현재 대부분의 거들은 숏츠 형식이며 허벅지 아래로 처진 힙을 자연스럽게 끌어 올려주는 것을 기본으로 배 부분을 2-3중으로 처리해 가볍게 눌러주고 허벅지까지 가늘게 조여 주는 기능을 가지고 있다.

거들 소재는 일반적으로 신축성이 강하고 가벼우며 내구성이 좋은 스판덱스와 스트레치성 레이스, 나일론 등을 일반적으로 사용하여 현대는 대부분 두 방향으로 당겨지도록 신축성 있고 탄력 있는 직물로 만들어진다. 지나치게 몸을 조이는 거들은 오히려 살을 뭉치고 밋밋하게 하여 체형을 더 나쁘게 할 뿐만 아니라 활동하기에도 불편하다. 거들은 힙 보다는 허벅지 사이즈에 맞추어 하체의 실루엣을 자연스럽고 편안하게 나타내 주는 것이 중요하다. 따라서 거들 사이즈의 선택은 코르셋과는 달리 딱딱한 심으로 압박을 하는 것이 아니어서 몸의 굴곡을 자유롭게 하며 복부 앞 중앙부분이 늘어나지 않게 탄탄한 소재로 만든다. 거들 사이즈의 선택은 허리, 엉덩이, 허벅지 사이즈를 측정하여 제일 굵은 부분을 기준으로 선택하는 것이 옳은 방법이다. 예를 들면 허리의 사이즈가 70이고 힙이 76인 경우 거들사이즈는 76으로 선택하는 것이 올바른 방법이다. 종류로는 긴 것, 짧은 것, 복부를 누르는 것, 힙업(Hip-up)의 효과가 있는 것, 소프트한 것, 하드하게 피트되는 것 등으로 다양하게 나누어진다.

거들의 착용실태를 체형별로 보면 비만체형이 마른체형이나 보통체형보다 착용률이 높으며 착용하는 거들의 유형도 배를 눌러주거나 힙업 등 특정부위의 보정력이 우수한 하드타입의 거들타입을 선호하는 것으로 나타났다. 또 비만도가 높을수록 브래지어나 거들 같은 화운데이션에 대한 관심이 많고 착용확률이 높지만 만족도는 낮은 것으로 나타났다. 또 마른체형일수록 외모관심도와 신체만족도가 높으며 지나친 신체보정을 기능성위주의 답답하고 촉감이 나쁜 속옷보다는 화려하고 섹시하면서 유행하는 심미적이고 감성적인 것을 더 중시하는 것으로 나타났다.[39]

현대에는 비만이 모든 질병의 근원처럼 인식되어 많은 사람들이 다이어트를 해서라도 정상적인 체형을 유지하려고 할 뿐만 아니라 젊은 층의 여성은 심지어 보통보다 더 마른 체형을 선호하는 경향이 나타나는 등 지나친 다이어트의 열풍이 일고 있다.

① 거들의 구조

거들은 그 종류에 따라 기능이 다르게 작용하므로 선택 시 유의해야 한다.

그 예로 타미는 아랫배를 강하게 눌러주며, 힙업거들은 처진힙을 올려주고, 웨이스트슬림거들은 허리선을 눌러 날씬하게 해주며 레그슬림은 허벅지의 지방을 작게 만들어 허벅지 둘레를 줄여준다.

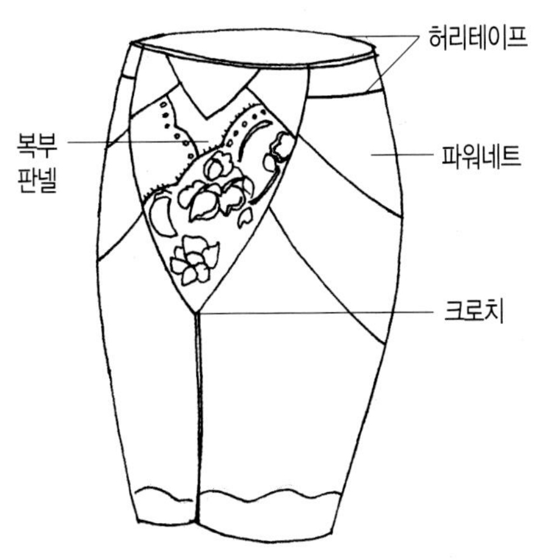

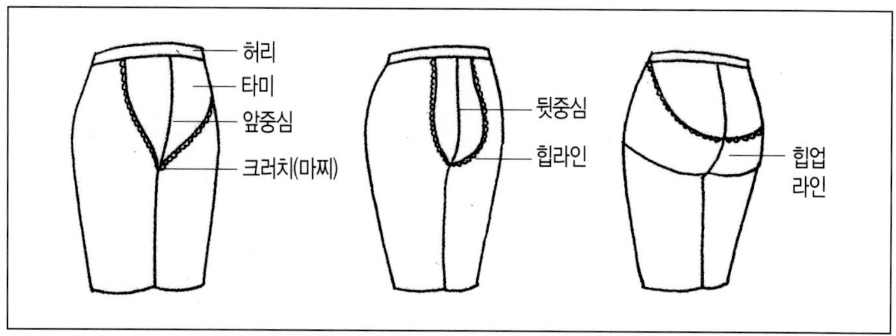

② 거들의 종류

■ 조여 주는 정도에 의한 종류

명 칭	도식화	스타일	특 징
소프트 타입			가장 기본적인 스타일로 감촉이 부드러운 원단을 사용으로 복부를 가볍게 받쳐주면서 신체에 전혀 무리가 없도록 착용하는 거들을 말함. two-way tricot를 사용하여 부드럽고 착용감이 경쾌하여 몸매보정이나 프로포션이 좋은 사람이나 거들을 처음입는 사람에게 적당함. 얇고 가볍고 부드러워 젊은층의 캐쥬얼형으로 속옷 패션의 고급화추세에 알맞은 형임.
미디엄 타입			일반거들로 소프트와 하드의 중간형태로 일반적인 체형보정용으로 웨이스트와 힙조절에 좋음. 여러 겹의 파워네트를 사용하는 것이 아니어서 투박하거나 답답해 보이지 않으면서 편안한 부드러운 느낌의 직조된 소재를 사용함.
하드 타입			하드타입은 꽉 조여주는 강도 높은 체형보정용으로 효과적인 파워네트가 여러 겹 사용되거나 두꺼운 소재의 사용으로 입고 벗기에 좀 힘이 드는 형태임. 산후용의 웨이스트니퍼 부착형 거들이나 타미 거들(다이아몬드, X형, 하트형으로 강하게 배를 보정), 웨이스트 거들(터미거들+허리보정강화)들이 주로 이에 속함.

■ 다리 및 허리길이에 의한 종류

다리부분을 덮는 정도에 따른 구분으로 다리부분이 없는 팬티형부터 완전히 덮는 스타일까지로 나누어지며 허리길이도 가슴 바로 아래부터 골반이 드러나는 스타일까지 다양하게 구분할 수 있다.

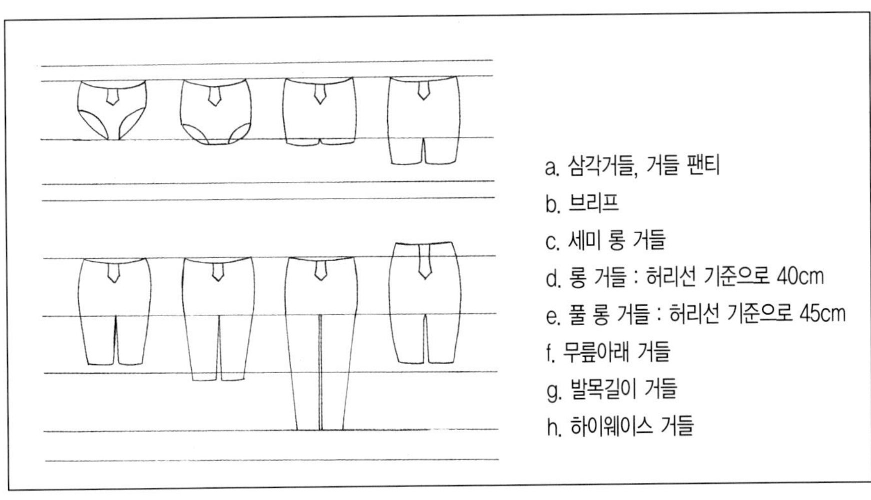

명 칭	도식화	스타일	특 징
쇼트형 : 팬티형 (Panty)			삼각, 사각팬티느낌 정도의 짧은 거들로 허리에서 힙까지의 보정이 가능한 가볍고 편안한 착용스타일.
스탠다드형 (Standard)			일반적인 거들의 길이로 밑위에서 약간 내려간 형태로 배와 힙을 보정.
롱형 (Long)			무릎이나 그 아래로 길게 연장된 형태로 골반에서 대퇴부에 이어지는 형태로 앞부분에 Liple Line을 넣어 신체곡선에 알맞게 조여준 거들로 허벅지와 엉덩이를 보정해주는 타입.

명 칭	도식화	스타일	특 징
하이웨이스트형 (High-waist)			거들의 허리선이 상의로 올라간 형태로 일반 거들보다 5-7cm높여 준 것으로 테이프로 허리를 강하게 조여주고 실루엣을 조절하는 하드타입의 거들임.
마티니티형 (Maternity)			복부부분에 다이아몬드 형태로 다트를 넣어 배를 강하게 눌러주는 스타일. 산전, 산후 몸매를 보호, 보정하는 기능을 지닌 거들로 엉덩이에 맞는 사이즈를 선택하는 것이 중요.

■ 형태에 의한 거들의 스타일

명 칭	도식화	스타일 특 징
본드형 (boned)		면테이프로 싸여진 길고 가는 금속조직이 달린 스타일로 보통 형태감이 나타나도록 직조하여 만들며 체형 유지를 필요로 하는 경우 입는 거들임.
카프리형 (capri)		무릎 아래까지 길게 다리를 연장한 스타일로 꼭끼는 바지속에 입는 거들임.
크리스크로스형 (crisscross)		걷거나 앉을 때 편리하도록 다른 천으로 한쪽 면을 겹친 랩형태의 거들임.

명 칭	도식화	스타일 특 징
레이스드형 (laced)	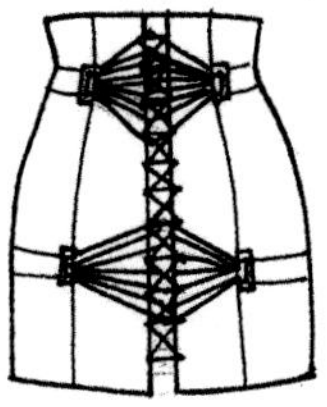	앞, 뒤, 옆에 끈을 달아 조여 체형보정을 하기 위한 것으로 보통 단단하게 짜여진 직물로 만들어진 거들임.
팬티형 (panty)		가랑이가 달린 늘어나는 거들로 엉덩이의 이음새에서 발목까지 길이가 다양함.
풀온형 (pull-on)	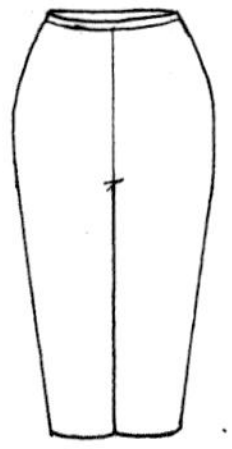	잡아 당겨서 입는 늘어나는 거들로 지퍼나 레이스가 없는 요즘 제일 인기 있는 형태의 거들임.
지퍼드형 (zippered)	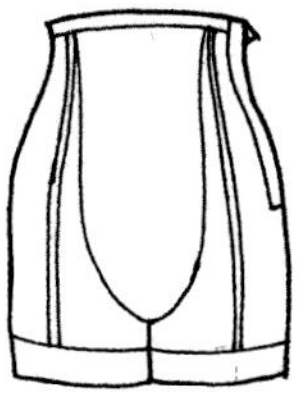	쉽게 입도록 지퍼로 마무리 된 거들임.

■ 다양한 거들

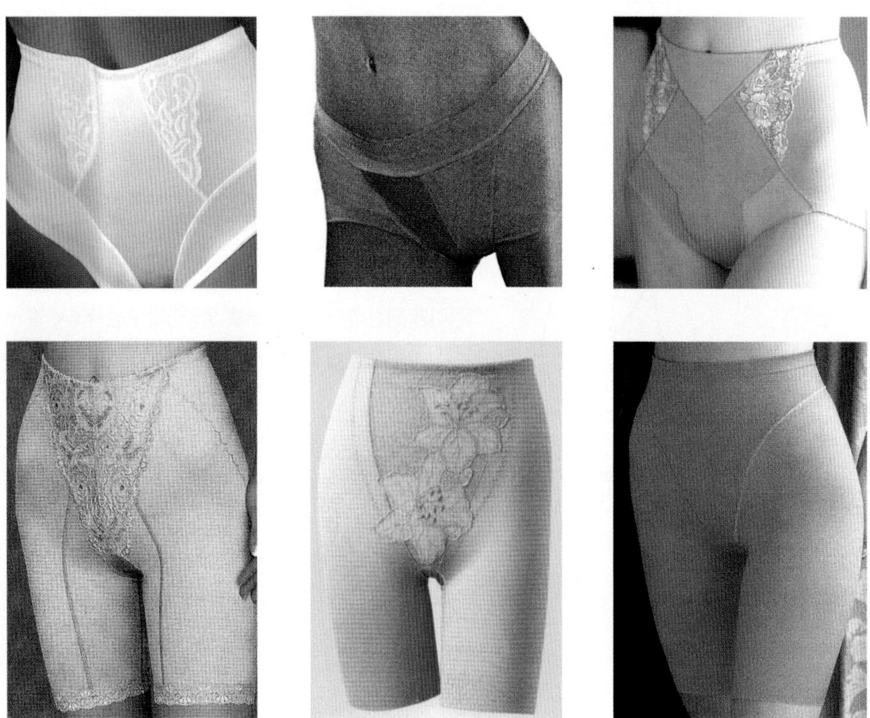

3) 올인원 (all in one)

(사) 브래지어, 웨이스트니퍼, 그리고 거들이 이어져 하나가 된 것으로 몸통의 체형을 보정하기 위해 사용된다. 코슬릿(corselet), 원피스 코르셋으로 불리우며 때로는 팬티즈가 붙은 것도 있다. 종래에는 보정이 목적이었으므로 견고한 것이 많았으나 현재는 투웨이 트리코트(two way tricot)등을 사용한 부드러운 촉감을 주는 것이 많다.

(전) 브래지어, 웨이스트 니퍼, 거들, 그리고 가터 벨트의 기능을 함께 갖춘 화운데이션이다. 가슴에서 엉덩이에 이르는 선의 조형을 위해 착용하는 것으로 바디 수트(body suit)라고도 명칭

한다. 전체적으로 선의 흐름과 균형이 잘 이루어지도록 함으로써 실루엣을 살려 겉옷의 맵시를 돋보이게 한다.

브래지어와 웨이스트 니퍼, 팬티(또는 브래지어+ 코르셋)가 하나로 연결된 것으로 전체 실루엣을 자연스럽고 부드럽게 보완하는 타이트한 드레스로 비만 체형에 주로 사용한다. 원래는 코르셋처럼 체형을 강하게 보정하는 것이 목적이며 힙라인까지만 있는 세퍼레이트 타입, 몸매 교정 기능이 가장 강한 프런트 퍼스너 타입 등이 있으며 최근엔 투웨이 트리코트 등의 부드러운 소재를 사용해 자연스러운 실루엣을 강조하고 있다.

몸에 적합한 피트성을 요구하므로 화려한 레이스와 높은 보정력을 가진 파워네트를 사용하고 가슴과 허리, 배로 이어지는 선을 정리하여 몸의 균형을 강조한다. 복부의 경우에는 여러 겹으로 윗배와 아랫배의 지방층을 강하게 지지하는 효과를 얻을 수 있으며, 허리와 엉덩이부분의 경우에는 2겹으로 힙업(hip-up)을 가능하게 한다. 또 컵 밑부분과 뒤허리 부분의 메쉬 테이프(mesh tape)는 통기성뿐만 아니라 몸과의 밀착력을 좋게 해준다. 가슴에 포켓 처리를 하여 몰드형(mold) 브라캡(bra cap)을 착, 탈할 수 있도록 고안된 제품도 있으며 밑위부분에 스냅버튼을(snap button) 부착하여 사용이 편리하도록 한다.

올인원을 고를 때 가슴둘레, 엉덩이둘레, 밑가슴 둘레가 다 고려되어야 하지만 사이즈가 맞지 않는 경우에 가장 중요시 고려해야 할 사항은 밑가슴 둘레, 그다음은 가슴둘레, 엉덩이 둘레 순이다. 밑가슴 쪽은 신축성이 없는 반면 엉덩이 부분은 신축성이 있으므로 사이즈가 조금 맞지 않더라도 적당히 늘어나거나 줄어들 수 있기 때문이다.

전체 실루엣을 자연스럽고 부드럽게 보완하는 기능으로 원피스코르셋처럼 체형을 강하게 보정하는 것이 목적이지만 최근에는 부드러운 소재로 실루엣을 강조하는 것들이 많이 애용되고 있다.

① 올인원의 구조

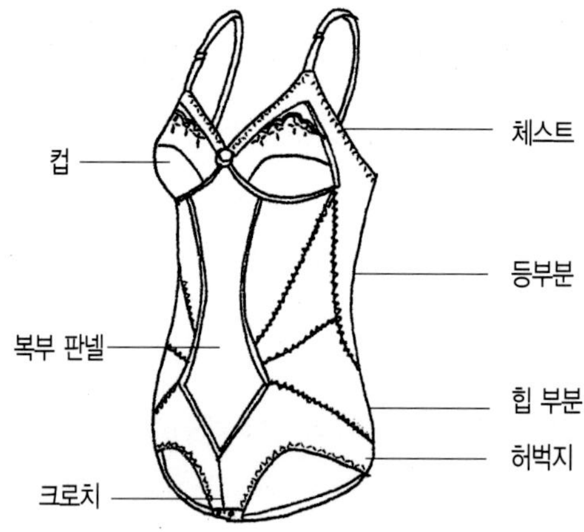

② 다양한 올인원

4) 코르셋 (corset)

(사) 체형을 아름답게 보정하기 위한 것으로 가슴에서 엉덩이 위까지를 강하게 조이기 위해 옆 주름살을 잡지 않는 대신 고래 뼈나 철사를 넣어 만든다. 부분적으로 신축성이 있는 고무천을 쓰며 끈이나 훅으로 여민다. 현재에는 거들이 애용되고 있으며 코르셋의 사용이 줄어들고 있다.

(전) 체형을 날씬하게 하기 위해서 가슴에서 힙 위까지를 꼭 조이기 위한 것으로 옆 주름살을 내기 않기 위해 고래 뼈나 철사를 넣어 만든다. 부분적으로 신축성이 있는 고무천을 쓰고 옆으로 끈, 훅, 또는 파스너로 여민다. 최근에는 거들이 많이 애용되면서 코르셋은 별로 사용되지 않는다.

코르셋은 브라와 거들, 또는 팬티가 결합된 것으로 원래는 여자 드레스의 일부였으나 요즘에는 속옷으로 분리되었다. 가슴에서 허리에 걸친 체형, 특히 몸통을 가늘고 아름답게 다듬기 위한 여성용 속옷이다. 면과 새틴에 고래수염과 철사를 넣기도 하고 끈으로 엮어 형을 만들었으나 오늘날에는 신축성이 있는 소재가 개발되어 거들이나 웨이스트 니퍼가 코르셋을 대신하게 되었다.

코르셋은 B.C.18세기의 고대 크레타 시대의 남녀 모두가 허리를 극도로 조이기 위해서 사용한 넓은 벨트에서 시작[40]되었고 12세기의 삽화를 통해서 그 착용을 추측해 볼 수 있다.[41] 중세 말기에 코르셋과 비슷한 형태의 겉옷인 코르사주가 있었고, 르네상스시대에는 실루엣의 과장으로 의상형태에 따라 바스뀐느(나무 뿌리, 뿔, 고래수염, 상아, 금속 등으로 만든 바스끄를 두겹의 린넨이나 울사이에 넣고 촘촘히 누빈 것), 꼬르뻬께(바스뀐드보다 딱딱함을 보강시킨 것)라 불리는 것이 있었으며, 18세기 이후 영국에서는 코르셋이란 명칭이 붙여졌다. 바로크시대에는 형태가 약간 변하면서 프랑스에서는 꼬르발렌드라는 이름으로 17세기 후반부터 프랑스혁명까지 사용한 코르셋으로 면이나 린넨으로 두껍고 촘촘하게 짠 직물사이에 고래수염을 넣어 만들었다. 로코코시대에는 슈미즈위에 허리를 가늘게 하고 가슴을 부풀려서 아름답게 다듬기 위한 코르셋으로 꼬르발렌느, 발렌느 드

드레싸즈, 꼬르드미 발렌느 등이 사용되었다. 근대에는 점차 개량되어 18세기 후반에는 허리를 가늘게 보이게 하는 것과 입어서 편안함을 추구하는 체형보정으로 바뀌었다. 1870년대에는 버슬스타일의 유행으로 삼각형의 거젯을 붙이는 방법을 사용했으며, 1890-1910년에는 아르누보 스타일로 허리에서 힙에 걸쳐 가늘게 나타났다.

19세기부터 코르셋이라는 이름으로 남녀 모두 착용했으며 1890년경에는 코르셋에 의해 S자형 실루엣(깁슨 걸 스타일)이 여성에게 유행한 것으로 알려지고 있다. 르네상스시대부터 프랑스대혁명까지 애용된, 신체를 속박하는 옷이 페지되었다가 제2차대전 후에 디오르가 뉴룩을 발표하여 다시 코르셋을 입게 되었다. 20세기 초기에 코르셋은 직선적인 형을 만들기 위해 다아트도 줄이고 신축성 있는 천을 허리에 삽입해서 자유롭게 하였으며 상부가 차차 내려와 허리만의 코르셋이 등장하였으며 지퍼를 사용한 것이 등장하기도 하는 등 20세기에는 여성의 사회진출이 활발해지면서 기능적이고 단축화되었다.

코르셋은 유행하는 의상의 실루엣을 표현하기 위하여 체형을 보정하고 선정적인 분위기를 연출하기 위해 즐겨 입던 언더가먼트의 하나로 제조방법이나 재료에 따라서 프랑스에서는 코르셋, 영국에서는 스테이즈(stays)라고 했으며 신체에 물리적인 영향이나 효과를 주기 위해 허리에 부착된 형태로 꼭 조여 압박시켜 가슴을 더 돋보이게 했다.

■ 다양한 코르셋

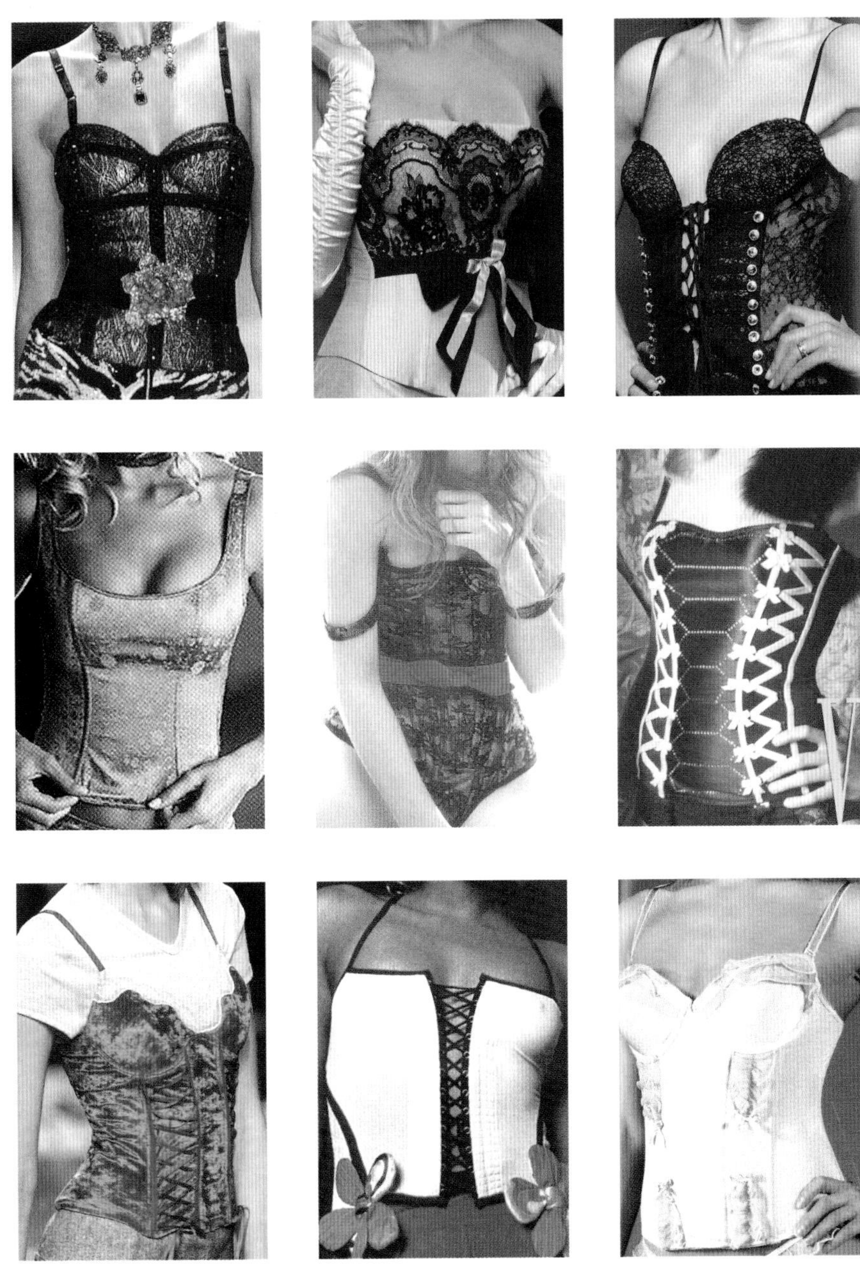

5) 웨이스트 니퍼 (waist nipper)

(사)허리를 날씬하게 보이기 위해서 만든 넓은 밴드형태와 같은 속옷으로 가슴 밑에서부터 엉덩이 윗부분까지 내려오는 길이이다. 남녀 모두 사용하며, 전체를 고무로 만들거나 고무천이나 스판덱스를 부분적으로 처리한 것이 많고, 끈이나 훅, 벨크로로 여미도록 되어 있다.

(전) 허리를 날씬하게 하고, 상대적으로 가슴과 엉덩이를 풍만하게 보이기 위해 고무천 혹은 스판덱스로 처리하여 만든 밴드형태의 속옷, 브라와 거들만 착용했을 때 허리부분의 군살을 정리하여 아름다운 허리선으로 여성다움을 돋보이게 한다.

웨이스트 니퍼는 '허리를 잡는 것' 이라는 의미로 허리를 가늘게 졸라매는 부분적인 보정기능을 지닌 화운데이션의 하나이다. 1947년 크리스티앙 디오르의 뉴룩의 등장으로 허리를 강하게 졸라맸던 스타일이 유행했던 것에서 시작되었다.

허리를 가늘게 조이기 위한 것으로 전체를 고무로 만들거나 고무천이나 스판덱스를 부분적으로 처리한 것으로 많으며 폭 15-20cm 정도의 끈으로 여미거나 훅으로 허리를 강하게 조인다. 복부 부분에 다이아몬드 컷으로 아랫배에서 웨이스트까지 눌러주어 효과를 더 주거나 허리부분에는 강한 파워네트를 이중으로 사용하여 좀 더 잘 조여주면서 척추의 든든한 받침대의 역할을 하기도 하며 웨이스트 니퍼에 길이를 길게 해서 가터벨트를 연결하기도 한다.

■ 웨이스트 니퍼의 구조

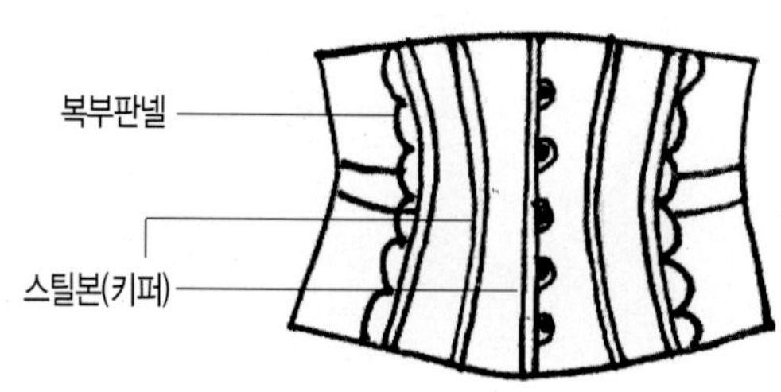

■ 다양한 웨이스트 니퍼

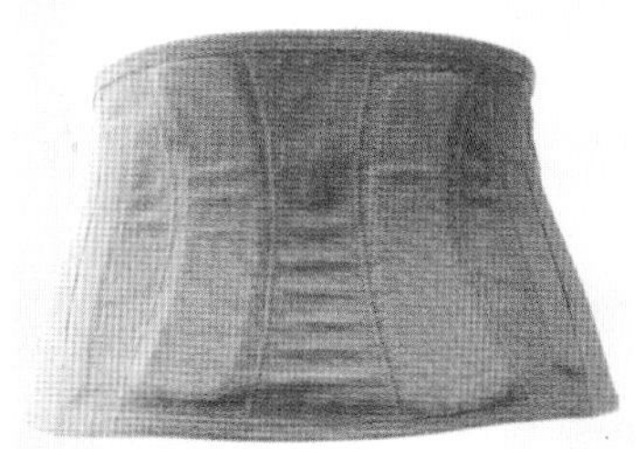

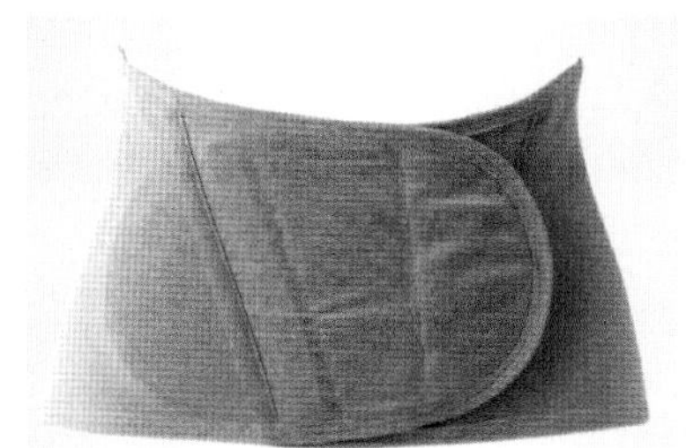

6) 파니에 (panier)

'바구니' 라는 의미로 스커트를 부풀리기 위한 언더 스커트로 등바구니를 스커트의 좌우에 넣은 듯이 보이기 때문에 붙여진 이름이다. 18세기(로코코)의 여성들이 사용하던 것으로 그 당시에는 철사와 고래수염, 등나무 등으로 틀을 만들고 웨이스트에 끈을 묶어 고정하는 형식이지만 페티코트에 고래 수염 등의 후프를 꿰매어 붙인 것도 많았다. 18세기 말에 버슬스타일 시대에 다시 유행하다가 오늘날에는 힘이 있는 소재로 만들어 스커트의 폭을 넓히기 위한 언더 스커트로 웨딩드레스 등의 안에 입는다.

7) 가터벨트 (garter belt)

밴드 스타킹이 흘러내리지 않게 고리 모양이 가터가 붙은 벨트 형태의 속옷으로 팬티나 거들 위에 덧입으며 양말 거는 고리가 달려 있다. 레이스나 레이온의 혼방 소재가 가장 많고 브래지어나 올인원과 연결된 가터벨트 등도 있

다. 대개 4–8인치의 레이스와 레이온의 혼방소재가 가장 많은데 넓은 밴드로 스타킹을 치켜 올리기 위해 여자들이 입는 벨트 스타일의 거들이다. 거들에 달려있는 고무벨트나 와이셔츠의 소매를 고정시키기 위하여 팔에 두르는 고무벨트도 이에 속하며 최근에는 여성만의 섹시한 분위기를 표현하는 속옷으로 인기가 높다.

■ 다양한 가터벨트

8) 바디 슈트 (bodysuit)

올인원과 비슷한 수영복 스타일의 화운데이션으로 소재와 디자인에 따라 겉옷으로도 입을 수 있는 것이 특징이며 올인원보다 얇고 부드러운 소재로 화운데이션과 속옷의 가능을 다 갖추고 있는 것이 특징이며 원피스 타입과 상하가 분리된 형태로 나눌 수 있다.

일반적으로 브래지어와 힙 등 전체를 교정, 및 보정할 수 있는데 기능성에서는 올인원보다 다소 떨어지며 좀 더 아름다움에 치중한 장식적인 것이라고 볼 수 있다. 가슴에는 와이어를 삽입하고, 가슴측면에는 강한 원단으로 가슴모양을 입체적으로 만들어주며, 가슴앞부분은 가슴 밑에서 프린세스라인으로 이어지다가 복부에서 다이아몬드 컷으로 밑위까지 연결되며 중심부에는 원웨이 스트레치원단을 사용하여 앞 전체를 확실하게 서포트시켜 주고 복부에 다이아몬드 컷을 이중으로 하여 더욱 강하게 눌러주며 파워네트 안감을 사용하여 군살을 눌러주고 엉덩이부위의 컷라인이 입체적인 힙을 형성시켜 준다.

■ 다양한 바디슈트

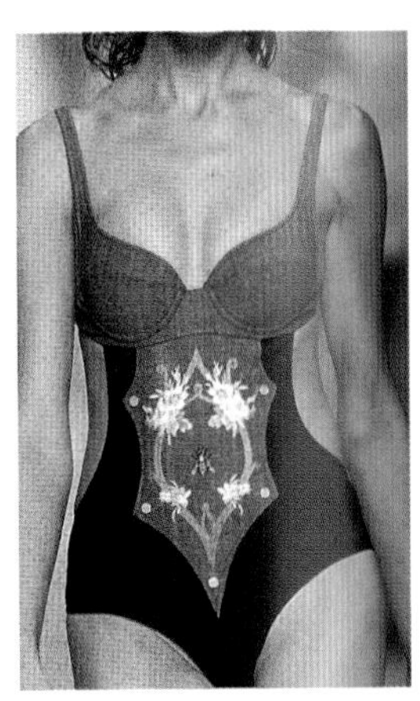

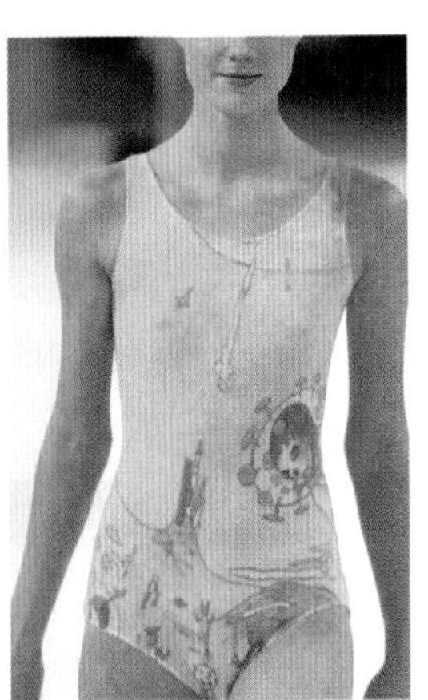

3. 란제리(lingerie)

(사) 란제리는 프랑스어의 랭즈에서 나온 말로 여성용 속옷의 총칭이다. 과거에는 거의 삼으로 만들었으므로 이런 이름으로 불리게 되었으나 최근에는 실크, 나일론, 레이온 등 소재가 다양하다. 요즘에는 레이스나 자수를 놓는다든지 하여 옷을 아름답게 입기 위한 속옷의 뜻으로 쓰이고 있다.

(전) 란제리란 장식의라고 말할 수 있으며, 겉옷과 화운데이션 사이에 위치해서 실루엣을 좀 더 아름답고 우아하게 만들어 주는 역할을 한다. 화려한 레이스나 자수를 곁들이고 부드러운 소재를 사용하여 여성스러운 분위기를 연출하는 것이 란제리의 특성이다.

란제리는 아마포의 뜻을 가진 불어에서 유래되었다. 란제리는 장식의 목적으로 장식미가 많이 가미된 스타일로 속옷 가운데 가장 바깥에 입는 것으로 속옷과 실내복의 총칭이다. 매끄러운 감촉과 감각적 기능이 있는 얇은 직물의 실크류와 나일론 합성류 등으로 겉옷의 실루엣을 한층 더 잘 돋보이게 하는 기능과 얇은 겉옷을 입을 때 비치는 것을 방지해주는 기능, 성적표현의 기능, 신분표시의 기능을 한다. 인체의 성적인 부위를 상징화하여 흥미를 유발시키거나 감추어진 부위의 성적매력을 더욱 강화시키는 등 기능이 점차 확대되고 있다. 그 예로 슈미즈의 목둘레를 노출시키거나 장식했고, 패티코트나 판탈롱 등의 아랫단을 레이스로 장식하는 것을 들 수 있다.

현대에는 기본인 언더웨어에 예쁘게 몸라인을 보정하는 파운데이션에 이어 가꾸어진 인체를 더욱 아름답게 돋보이게 하는 란제리로 이어진다. 란제리에는 슬립, 캐미솔, 페티코트 등이 대표적 아이템이며 홈 란제리인 네글리제, 파자마, 가운 등의 실내복도 포함된다.

20세기의 란제리는 얇고 부드러우며, 투명한 직물과 다양한 색상, 섬세하고 화려한 디테일, 간결한 실루엣으로 현대적인 감각을 지닌 에로티시즘의 대명사로[42] 분위기에 따라 선택하여 즐기는 추세이다.

장식적인 란제리의 소재로는 바티스트(batiste), 트리코트(tricot), 폴리에스트르, 자카드(jacquard),실크 새틴(silk satin), 샤무스(charmeuse) 등의 비치고 매끄러운 직물과 나일론, 혹은 섬세한 면으로 된 레이스직물이 많이 쓰인다. 이외에도 단면니트, 나일론, 트리코트, 폴리에스테르 인터룩, 신축성 있는 레이스나 직물도 쓰이며 인체교정을 위한 신축성 소재는 200-300%의 신축성을 필요로 하나 장식적인 속옷의 경우에는 25-40% 정도면 가능하다.

(1) 슬립 (slip)

(사) 가슴 위에서부터 시작해서 어깨 끈으로 고정되어 있고, 브래지어와 팬티즈 위에 입으며 위에 입는 옷보다 짧은 길이의 속옷이다. 재료로는 실크, 나일론, 면, 레이온 등 매끄러운 소재가 사용되며 레이스, 프릴, 자수, 리본 등으로 장식한다.

(전) 슬립이란 미끄러진다는 의미가 있는데, 이것을 착용하면 매끄럽고, 촉감이 좋으므로 드레스를 입고 벗는 데 편하며 부자연스러운 주름이 생기는 것을 방지하고, 겉옷의 실루엣을 돋보이게 하는 역할을 한다.

슬립은 아열대성기후에 적용할 수 있도록 인체의 일부에 걸치거나 헐렁하게 들러 입는 로잉스라는 의상이 현재의 슬립의 원형이다.[43] 15세기 후반에 스페인의 귀족 의상이었던 속치마의 일종인 스커트 밑을 받치기 위한 것으로 쓰였던 베르쥬가뎅이 제1차대전 후 프린세스 페티코트로 변화되어 보급되는 단계에서 프린세스 슬립으로 이어지고 후에 다시 슬립으로 되었다. 19세기 말에는 실크, 새틴과 같은 고급 천을 즐겨 사용했으나 오늘날에는 합성섬유나 면직물로 스커트의 실루엣을 정리하기 위해 착용하고 있다.

언더웨어 가운데 가장 나중에 입는 드레스 타입의 속옷으로 주로 스커트 차림 안에 입어 겉옷의 착용감 및 실루엣을 아름답게 살리기 위해 착용하는 란제리의 일종이다. 어깨끈을 붙인 원피스 형식이 기본이며 모든 속옷 위를 덮어서 의복 실루엣을 정리하는 속옷으로 옷의 형태를 안정시키며 일반적으로 아웃웨어보다 5cm 정도 짧게 입는 것이 적당하다. 서양에서는 안감을 대지 않은 드레스의 언더

드레스로도 쓰인다. 1916년에 처음 등장했으며 프린세스 페티코트, 프린세스 슬립에서 슬립으로 이름이 바뀌었다.

슬립사이즈는 보편적으로 란제리의 가슴둘레는 top bust기준이므로 브라 사이즈와는 10cm정도 차이가 있으며 브라 사이즈가 75A 또는 B일 경우 85사이즈가 적합하다.

■ 슬립의 종류

슬립의 종류는 상하의가 다 있는 풀 슬립과 하의의 하프슬립(half slip=petticoat)과 상의의 데이 웨어(day wear=camisole)로 나뉘며 일반적으로 상, 하의를 함께 입는 것이 기본이지만 필요에 따라서 착용하고 디자인에 따라 스커트 스타일(=페티코트), 바지스타일(큐롯), 짧은 바지 스타일(플레어 팬티)로 구분된다.

명 칭	도식화	스타일	특 징
브라슬립 (bra slip)			브래지어와 슬립이 하나로 이어진 화운데이션으로 브래지어와 슬립을 따로 입을 필요 없이, 또 어깨끈이 이중으로 보이는 것을 방지할 수 있다는 점에서 효과적이며 1960년대 후반에 일반화됨.
풀슬립 (full)			원피스형의 란제리로서 드레스에 받쳐 입으며 보통 일반드레스 길이보다 5cm짧게 입음. 브라와 페티코트가 연결된 것으로 단선의 길이가 무릎위에서 바닥까지 다양함.

명 칭	도식화	스타일	특 징
하프 (half)			여자용 언더 스커트의 총칭으로 겉옷의 실루엣을 도와주는 속치마인 하프슬립은 허리에서 단선까지의 하의만 있는 슬립을 지칭.
테디 (teddy)			캐미솔과 팬티가 한 장으로 결합된 콤비네이션 속옷으로 클러치 부분이 개폐식으로 언더웨어나 섹시한 감각의 글리핑 웨어로도 착용 가능한 란제리.
데이웨어 (day wear)			란쥬의 스타일은 스트랍, 런닝, 라글란, 세틴 스타일등이 있고 길이의 기준으로는 3부, 7부, 9부(장내의) 등으로 구분.

■ 다양한 슬립

(2) 캐미솔 (camisole)

(사) 여성용의 짧은 속옷을 말한다. 보통은 가슴선이 수평으로 재단되었고 어깨를 지나가는 끈으로 연결되었다. 길이는 엉덩이를 가릴 정도이며 처음에는 코르셋을 가리기 위한 목적으로 사용되었으므로 코르셋 커버(corset cover)라고 했다. 소재는 목면, 레이온, 나일론 등을 사용하며 레이스, 리본, 프릴, 자수로 장식한다.

(전) 슬립의 한 종류로 일명 데이 웨어(day wear)라고도 하는데 힙라인 보다 위에 오는 속옷으로 페티코트, 펜티즈, 히프슬립과 짝지어 입는다. 엉덩이를 가릴 정도의 길이에 어깨는 끈으로 장식한다.

19세기 유럽에서 가슴까지 있던 코르셋을 가리기 위해 착용했던 코르셋 커버를 원형으로 발전한 것으로 현재는 톱라인이 수평으로 재단되고 슬립과 같이 끈과 레이스로 어깨부터 매다는 형식으로 바뀌었다. 최근에는 자켓 아래에 블라우스의 일종으로 겉옷화되어 이용되고 있으며 페티코트와 함께 입거나 슬랙스 차림일 때 위에만 입는다.

캐미솔은 슬립의 상반신 부분만 따로 만든 것으로 소매가 달리지 않은 힙을 가릴 정도의 짧은 여성용 내의를 말하며 원래는 코르셋을 가리기 위해 고안되었다. 미니 팬츠인 큐롯과 한 세트로 디자인과 색상에 따라 잠옷으로 대치할 수 있다. 겉옷과의 마찰로부터 피부를 보호해주며 땀 흡수는 물론 보온의 기능도 가지고 있으며 주로 면, 레이온, 실크 등 매끄러운 소재를 많이 사용한다.

■ 다양한 캐미솔

(3) 페티코트 (petticoat)

(사) 슬립과 유사한 속옷으로 허리에서부터 시작된다. 겉옷에 따라 폭이 넓은 것과 좁은 것, 길이가 긴 것과 짧은 것이 있으며 레이스나 자수로 장식한다. 18C까지는 언더 페티코트로 불리웠으며 부인용 언더 스커트로서 속옷의 역할뿐 아니라 스커트의 트임 밖으로 보이도록 하여 겉옷의 일부분으로 사용되었다. 옷의 실루엣을 아름답게 보이게 할 목적으로 소재 선택이나 디자인, 색채 등이 다양하다.

(전) 언더 스커트로 겉에 입는 드레스보다 길이가 짧은 것이 보통이지만 드레스 디자인에 의해 스커트 아래로 보이기 위해 길게 한 것도 있다. 스커트의 부피를 부풀리기 위해 사용된 하반신용 속옷이다.

슬립의 하반부로 겉옷의 실루엣을 도와주는 속치마 즉 스커트의 미끄러짐을 막고 형을 정리하기 위해서 사용되는 언더스커트인데 디자인에 따라 슬릿을 넣기도 하고, 길이를 짧게 하는 등 여러 가지 변화가 있다.

(4) 플레어 팬티 (flare panty)

단에 플레어 디테일을 사용한 팬티로 단이 단순히 넓어지는 단순한 형에서 단에 레이스를 곁들인 스타일까지 디자인이 다양하며 브리프나 드로우즈, 플레어 팬츠 밑에 입거나 로맨틱한 속옷으로 길이는 계절에 따라 조절된다.

(5) 네글리제 (Negligee)

(사) 가볍고 부드럽게 보이며 레이스나 프릴과 같은 장식이 많은 실내복이나 화장복을 말한다. 방안에서 휴식할 때에도 입으며 웨이스트 라인에 보통 새시를 매는 경우가 많다. 소매는 아름답고 부드러운 천을 쓰고 최근에는 나이트 가운으로도 이용되고 있다.

(전) 가볍고 부드러우며 몸을 조이지 않는 헐렁한 옷, 레이스나 프릴을 많이 달며 실내복이나 화장복으로도 사용된다. 길이가 길거나 혹은 짧은 잠옷으로 나이트 드레스, 나이트 가운 이라고도 한다.

네글리제는 착용감이 편안하고 분위기 있는 원피스형의 여성용잠옷이다. '아무렇게나 된, 조심성이 없는' 이라는 뜻을 지니고 있는데 얇은 천으로 만든 실내에서 편하게 입을 수 있는 옷을 의미하며 17세기 몽테스팡 후작부인이 임신을 숨기기 위해 고안한 것이 네글리제의 기원이라 할 수 있다. 플리츠, 드레이프 등의 장식을 사용하여 우아하고 입기 편하게 만들었으며 일반적으로 길이는 발뒤꿈치까지 내려오며 소매가 짧은 것과 긴 것 그리고 없는 것 등으로 나뉘어진다.

■ 다양한 네글리제

(6) 파자마 (pajamas)

(사) 원래 인도의 남성용 잠옷에서 유래된 것으로 발목까지 오는 바지와 오버 블라우스풍의 상의가 한 벌로 된 옷을 말한다. 1920년 말에 여성을 위한 잠옷으로 도입되었고, 보통 위에 로브를 걸치는데 잠옷, 해변복, 실내복으로 나눠지며, 스타일과 소재로 구분한다.

(전) 상의와 하의로 구분되는 two-pieces형의 잠옷, 또는 living-wear 소프트한 소재로서 경쾌하고 활동에 편하며 챠밍하다.

파자마는 영어의 'pajamas', 'pyjamas' 에서 유래된 것으로 다리를 감싸는 천이라는 뜻을 지니고 있다. 페르시아식 바지의 일종으로 인도나 중동지방 등에서는 본래 낮에 입었지만 1880년 영국인에 의해 도입되어 밤에 입는 옷으로 변화되었으며 보편적인 잠옷으로 사용되기까지는 50년 가량 걸렸다. 이전에는 나이트 셔츠가 잠옷으로 사용되다가 파자마로 대치되었으며 사계절 착용이 용이하고 활동성, 실용성이 높아 현대에 들어 파자마는 남녀 구분 없이 실내에서 가볍게 입는 보편적인 스타일의 옷이 되었다. 요크의 절개선을 넣어 주름을 잡거나 전체적으로 넉넉하게 여유 있게 만든다.

■ 다양한 파자마

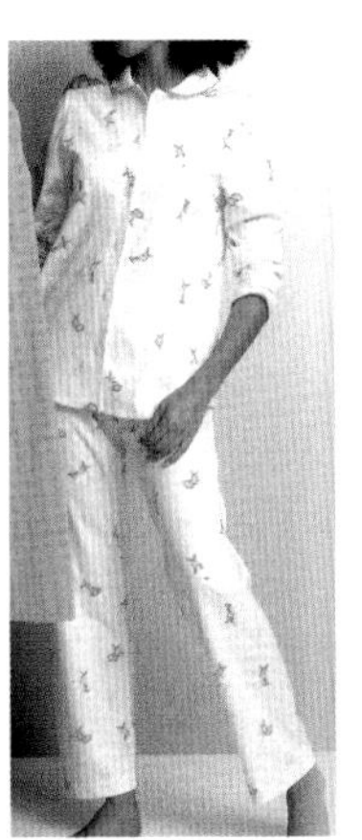

(7) 나이트 가운 (night gown) / 나이트 드레스(night dress)

(사) 몸통을 조이지 않는 헐렁한 슈미즈 드레스처럼 만든 것으로 나이트 드레스(night dress)라고도 한다. 원래 여성과 어린이의 잠옷으로 착용되었는데 면이나 실크로 만들어졌으며 스커트 부분은 개더가 잡혀 통이 넓고, 사각형 형태의 요오크가 사용되었다. 소매가 있는 것과 없는 것이 있고 길이도 다양하다.

(전) 실내에서 입는 품이 넉넉한 옷으로 길이는 긴 것과 무릎 정도의 것이 있다. 잠옷 위에 걸쳐 입으며, 안감을 넣거나 단추가 없이 끈으로 여미는 형태가 많다.

나이트가운(일명 나이트드레스)은 잠옷 위에 덧입는 긴 웃옷으로 길이와 소매가 길고 품이 넉넉한 옷이다. 속잠옷과 그 위에 걸쳐 입는 겉가운이 서로 조화되게 만든 장식적인 성격의 고급스러운 여성적인 스타일의 앙상블(ensemble)과 잠옷 위에 가볍게 걸쳐 입는 코트로 보온효과와 함께 품위와 멋을 추구하는 욕구충족의 로브(rove)로 나누어진다. 실내에서 입는 길이가 긴 드레싱가운(dressing gown)은 크림전쟁 당시 군인들이 담배피울 때 입던 실내용 상의인 스모킹자켓에 누빈 라벨과 실크로 된 허리끈이 첨가된 동양적 스타일의 옷으로 스모킹자켓과 디자인이 섞여 현대의 드레싱가운으로 변화되었다. 실크, 면, 울소재가 1920년대부터 선호되었으며 면소재로 된 모포로 따뜻하고 실용적인 용도로 만들어졌다.

■ 다양한 나이트가운

■ 참고 : 가운(Gown)의 종류

앙상블(Ensemble): 동일한 소재와 레이스 자수 등을 사용하여 잠옷과 그 위에 걸쳐 입는 가운으로 세트화한 나이티웨어.

로브(Robe) : 실내에서 잠옷만으로 부족할 때 그 위에 걸쳐 입는 나이티 로브(Nighty Robe), 주로 타올지로 만들며 목욕 후에 걸치는 가운인 배쓰 로브(Bath Robe), 누비가운으로 겨울철 실내 보온용으로 입는 퀼팅 가운(Quilting Gown) 등이 있음.

(8) 베이딩 가운 (bathing gown)

(사) 목욕 혹은 수영 후에 걸치는 가운을 말한다. 흡습성이 좋은 타월지로 만든다. 일반적인 형태가 긴 소매와 쇼올(shwal) 칼라를 가지고 있으며, 끈으로 여미게 되어 있다.

(전) 목욕 후 입는 가운.

■ 다양한 베이딩가운

(9) 란쥬 (Linge)

단순한 속옷이 아닌 패션성, 기능성이 추구된 장식성이 강한 의류로 계절적인 특성이 고려된 아이템이라 할 수 있으며 소재는 니트 조직의 신축성이 우수한 편물을 사용한다. 란쥬에 사용되는 주자재인 원단은 자극성이 없는 소재로 부드럽고 투명한 것이 적당하며, 춘, 추에는 보온성, 흡습성, 통기성, 발수성과 세탁 시에 필요한 내구성과 내일광성이 강한 소재여야 한다.

■ 란쥬의 종류

명 칭	스타일	특 징
스탠다드형 (Standard)		소매가 기본 어깨선의 끝 암홀에 달린 가장 기본적인 스타일로 얇은 원단이나 통폭원단일 경우 많이 사용하며 어깨부위가 날씬한 체형의 부인이나 미스층에 적당한 스타일.
라그란형 (Raglan)		라글란 소매로 주로 군살이 많은 부인층에 편안한 스타일인데 추동에 사용하는 소매와 하의가 긴 길이의 속옷으로 보온성의 두터운 소재와 얇고 부드러운 면, 모, 견의 100%와 폴리에스테르, 나일론과의 혼방소재도 사용함.
스트랩형 (Strap)		어깨처리가 테이프나 끈으로 처리된 스타일.

명 칭	스타일	특 징
러닝형 (Running)		소매 없이 어깨선처리로 원단이나 레이스로 처리된 형태로 사계절 모두 사용하며 모든 연령층이 애용하는 스타일.
피트라인형 (Fit Line)		상의길이가 힙라인 밑까지 연결한 형태로 신축성이 우수한 레이스로 밑단을 처리하였으며 바디 라인을 살려주어 겉옷의 착용감을 도와주고 미니스커트 착용 시 잘 어울리는 스타일.

■ 홈란제리

최근 단순한 속옷에서 탈피하여 가까운 외출시 입을 수 있는 기능과 실내에서 입을 수 있는 활동성의 기능을 겸비한 홈 란제리가 아웃웨어로도 활용되면서 감각적이고 기능적인 패션상품으로 크게 부각되고 있다.

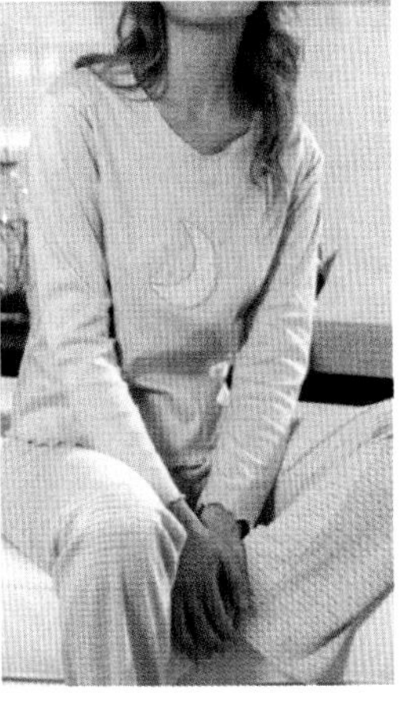

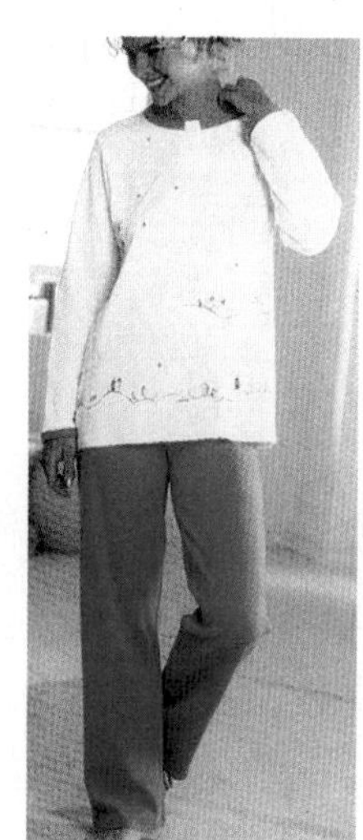

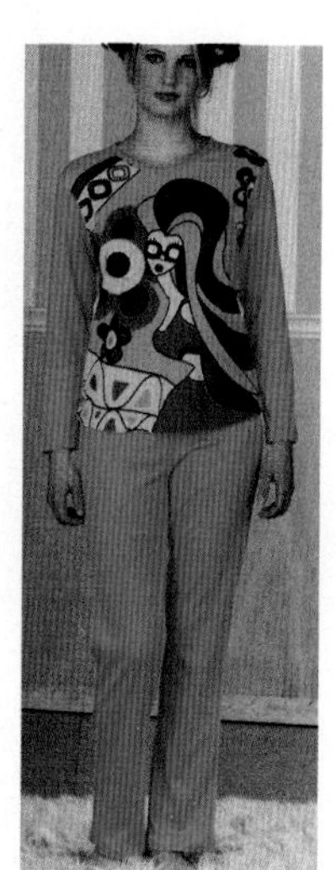

■ **원텀**

겨울과 가을의 복합어로 만들어진 명칭의 원텀(wintum=WT)은 상의는 란쥬로 속옷의 기능을 살리고 하의는 슬립의 기능을 살린 속옷 겸용 슬립이다. 소매는 칠부, 삼부, 어깨 등으로 구분되는데 속옷의 기능보다는 감각적이고 패션지향 상품으로 바뀌고 있다.

속옷만의 기능에서 탈피하여 가까운 집 근처 외출 시 즉 1-mail-wear로 홈란제리는 아웃웨어 겸용 속옷으로 현대에 들어 각광받고 있다.

Inner wear Design

05

속옷의 디자인

1. 속옷의 디자인 경향
2. 속옷의 디자인 과정
3. 속옷의 디자인 실무

속옷의 디자인

1. 속옷의 디자인 경향

현대 속옷의 디자인 및 소재는 크게 기능성과 심미성의 두 방향 즉 장식이 일절 배제되고 착용감과 편안함을 강조하는 심플한 디자인에 특정 소재를 사용하여 기능성을 추구하는 것과 아름다운 레이스 및 다양한 장식의 사용으로 미적인 부분에 치중한 디자인의 두 가지로 방향으로 패션과 함께 변화하여 왔다.

과거의 속옷이 단품위주의 구성이었다면 현대에는 겉옷뿐만 아니라 속옷의 아이템사이에도 코디의 개념이 도입된 패션화가 이루어지고 있으며 여기에서 더 세분화, 다양화되어 연령 및 이미지에 따른 컨셉에 따라 브랜드가 분류되는 상황이다.

색에 있어서는 1960년대에는 파스텔톤 위주에서 1980년대에는 블랙과 레드의 색이 포함되었고 1990년대에 와서는 색에 대한 고정개념을 깨고 다양한 색들이 등장하기 시작했다. 과거의 속옷색이 일반적으로 흰색과 아이보리, 연분홍 등으로 대변되었다면 현대에는 겉옷과의 조화를 고려한 색들로 다양해져서 화려하고 원색적인 칼라가 등장하여 실내복이나 간단한 외출복으로 입는 용도와 함께 겉옷화 경향이 늘면서 더욱더 대담한 색과 무늬로 만들어지고 있다.

소재에 있어서는 일반적으로 셔츠 및 팬티류는 주로 면, 면과 합성의 혼방 및 레이온 제품을, 브래지어류는 면과 합성섬유의 혼방제품 및 면과 아세테이트, 레이온의 혼방제품, 합성섬유 제품을, 슬립류(위생적측면보다는 디자인면이 중시되는 경우)는 레이온을 주로 사용하고 있다.

또 계절별 착용목적에 따라 여름에는 땀을 잘 흡수하고 덮지 않으면서 패션성이 가미된 것을, 겨울에는 보온성이 좋으면서도 너무 두껍지 않은 것으로 불편하거나 옷맵시를 감소시키지 않는 면이나 면의 혼방된 비교적 밝은 색상과 단순한 무늬의 편성물을 사용한 것을 선호하는 것으로 나타났다.[44]

소비자가 속옷을 구입할 때 가장 중요하게 생각하는 것은 몸에 맞는 정도와 디자인이며 그 다음은 입고 벗기에 편리한 것, 색상, 가격, 코디 순으로 나타나고 있다. 또 연령과 체형에 따라 속옷을 선택하는 데 현격한 차이가 나타나므로 속옷에서도 겉옷과 같이 신세대들의 연령별 차이를 세분화하고 그 특징에 맞는 전략을 세워 속옷의 패션성과 기능성을 살리는 디자인의 컨셉을 세우는 것이 중요한 과제로 등장하고 있다.

속옷 구매 시 20대 여성층은 외관적인 기준을 가장 많이 고려하고, 30대 연령층은 가격면을 고려하고 연령이 높아질수록 위생성과 경제성에 대해 고려하는 정도가 높은 것으로 나타났다.[45] 또 16~19세의 신세대여성의 경우에는 10대의 체형에 맞는 착용감과 체형보정을 보완한 중저가의 가격으로 편안함을 강조한 선물용 상품의 개발과 브랜드를 부각시키는 포장으로 선호도를 높이며 10대들이 이용하는 잡지에 광고전략을 세우는 것이 중요하다. 20~24세의 경우에는 충동구매성향이 강하고 착용감과 디자인을 중시하므로 독특한 디자인개발에 조력을 다하고 매장 디스플레이에 과감한 투자를 하며 대리점위주로 신제품에 대한 정보를 제공하는 것이 필요하다. 25~29세의 경우에는 계획과 충동구매를 하며 심플하고 섹시한 디자인 및 코디가 가능한 상품을 선호하므로 세일전략과 할인매장의 보급으로 브랜드의 인지도를 높이고 편안한 착용감과 활동성을 중시한 독특한 디자인의 상품을 개발하는 것이 필요하다. 30~35세는 계획성과 경제성을 보이며 전체조화가 가능한 고가의 상품으로 고급스러운 색의 개발과 겉옷의 실루엣을 잘 표현하는 체형보정성에 중점적인 광고를 하며 세일전략과 할인매장의 보급, 성적 매력을 느끼게 하는 상품의 개발이 필요하다.[46]

또 연령뿐만 아니라 신체적 자아가 높을수록 속옷브랜드를 중요시하며 신체적 자아가 높은 사람은 속옷광고에서 영향을 많이 받고, 사회적 자아가 높은 사람은 쇼윈도의 디스플레이에서 영향을 많이 받으며 신체적 자아와 사회적자아가 높은 사람일수록 기능성이 뛰어나고 색상이 감각적이면서 섹시한 디자인을 선호하는 것으로 나타났다.[47]

파운데이션의 착용은 연령이 낮을수록, 마른체형일수록, 착용빈도가 높게 나타나고 구매 시의 평가기준은 연령이 낮을수록, 사회경제적 수준이 높을수록, 미혼일수록, 마른체형일수록 기능적 · 미적 측면을 중요시하고, 질적 차원은 고연령층과 기혼여성일수록 중요시하는 정도가 높게 나타났다.

우리나라의 속옷의 평균 소유 개수는 연령이 증가할수록 늘어나며, 상의의 착용에서는 끈 달린 브래지어와 소매 없는 스타일이 많고, 20대에서는 브래지어와

셔츠류를 선호하며 30대 이후에서는 슬립류의 착용률이 증가하고 있다. 하의의 착용에서는 팬티, 거들은 공통적이지만 20대는 바지와 양말을 즐겨 신고 30대 이후에서는 스커트와 스타킹을 선호하는 것으로 나타나고 있다.[48]

또 브래지어와 거들은 20대 이전에 착용을 시작하며 올인원, 웨이스트니퍼, 코르셋은 20대 이후에 착용하기 시작하는 것으로 보아 체형보정에 관심을 갖는 시기는 20세 이후임을 알 수 있으며 기능성착용의 경우 여름보다 겨울에는 더 많은 종류를 착용함으로써 계절에 따라 착용방식이 달라지며 선택시에 착용감을 중시한다.[49] 즉 7, 8월 여름철 속옷에서는 기초 속옷의 경우 미혼여성이 기혼여성에 비해 높으며, 일반속옷의 경우에 여고생과 일반주부가 직장여성, 여대생보다 더 적극적인 태도로 착용하였으며 원피스의 경우 여대생은 허리속치마를, 직장여성은 어깨속치마, 일반주부는 바지속치마를 많이 착용하였으며 투피스를 입었을 때에는 허리, 바지속치마의 착용률이 높게 나타났다.

파운데이션의 대표적인 아이템으로 모든 여성들에게 이미 보편화된 가장 기본적인 속옷의 하나인 브래지어 디자인의 선호도조사에 의한 연구에 의하면 예쁜, 매혹적인, 자연스러운, 적당한, 섹시한, 깔끔한, 귀여운 이미지 등의 대략적인 이미지에서 매혹적이고 섹시한 이미지의 높은 성적이미지가 선호되고 있지만 일반적으로 소비자의 연령이나 마인드에 따라 선호도가 다르게 나타나고 있다. 브래지어 디자인선의 변화에 따라 무디자인선, 수평선, 수직선, 복합선, 사방향디자인선으로 분류했을 때 복잡한 디자인선보다 무디자인선의 몰드형과 가로디자인선이 매력성과 용모성을 높이는데 효과적이며 길이방향이거나 복잡할수록 매력성이 떨어지는 것을 알 수 있다. 또 제일 많이 사용하고 있는 장식소재인 레이스의 경우에도 레이스의 사용과 컵의 크기에 따라 디자인의 이미지가 달라지는데 레이스 사용 면적이 넓을수록 용모성은 떨어지지만 성숙한 이미지를, 레이스를 사용하지 않은 경우에 컵 면적이 작을수록 귀여운 이미지를 나타났으며, 컵 전체에 레이스를 사용한 경우에는 모든 유형에서 성숙한 이미지가 나타나는 것을 알 수 있으므로 컵 면적와 레이스 사용량 정도를 달리하여 귀여운 이미지, 성숙한 이미지 등을 연출할 수 있다. 또 레이스의 사용 위치와 면적에 따라 차이가 나는 것을 볼 수 있는데 컵의 위쪽의 레이스사용은 매력적인 느낌을, 중앙에 사용하는 것은 귀여운 느낌을 줄 수 있는 것으로 나타났다.[50]

가장 선호하는 브래지어 색상은 흰색, 검정색, 베이지색, 핑크색 순으로 나타났으며 거들의 경우는 흰색, 베이지색, 핑크색, 선호 유형으로는 브래지어는 와이어가 가장 많고 그 다음 일반형으로 나타났으며, 거들은 팬티형, 하이웨스트형 순으로 많이 착용하는 것을 알 수 있다.

속옷의 단순한 속옷의 개념에서 탈피하여 패션화가 이루어져 고품질의 고부가가치 제품으로 변화됨에 따라 디자인, 색, 소재 및 착용방법 등에서 다양한 변화가 요구되며 속옷의 사이즈 및 형태상의 적합성, 우리나라 체형에 맞는 사이즈 및 디자인의 개발이 필요하다.

최근 수입 속옷의 급증으로 이에 경쟁할 수 있는 국내브랜드의 고급화가 시급한 실정이며 이를 위해서는 고급화된 제품에 쓰이는 원자재와 부자재의 개발과 섬유의 소재개발 및 기능성의 개발이 요구된다. 특히 전문 속옷디자이너의 육성, 고도의 기술개발을 통해 세계시장으로 진출할 수 있다.

2. 속옷의 디자인 과정

(1) 컨셉설정에 따른 디자인

패션트렌드를 분석하여 브랜드와 시즌에 맞는 컨셉을 정한 후에 그에 알맞는 이미지와 스타일을 먼저 찾아 map으로 정리한다. 그런 뒤에 그것에 어울릴만한 소재와 칼라를 찾아내 정리한다.

1) Image map 작성

의도된 컨셉에 맞게 이미지의 그림들을 모아 map으로 작성한다.

■ 예 1 (Bodywear, 08/2001, 2002 S/S, p.30~37)

■ 예 2 (Intima, No.130-1, 2004-5 F/W, p.121)

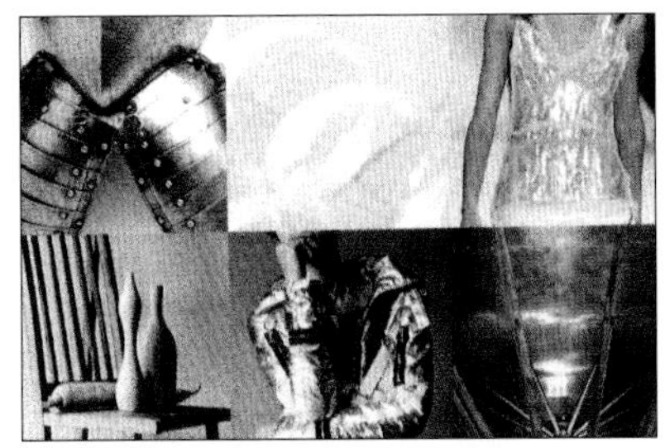

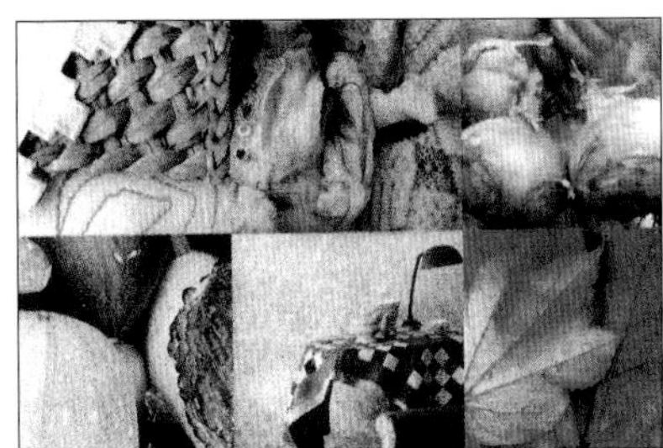

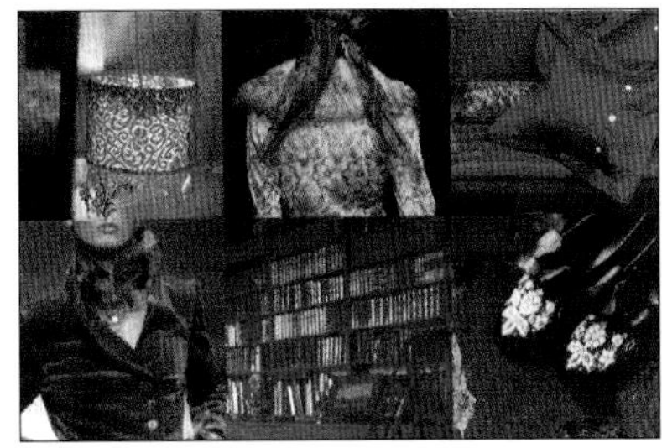

■ 예 3 (Sous, No.3, 2003-4 F/W, p.202)

2) Style map 작성

이미지 맵에 맞는 응용할 디자인의 스타일을 모아서 map으로 작성한다.

■ 예 1 (Intima, No. 106-1, 2006 S/S, p.18~19)

3) Fabric 및 Color map 작성:

이미지, 스타일 map을 기본으로 그에 잘 부합하는 소재와 칼라 등을 선택하여 Map으로 작성한다.

■ 예 1 (LINIE, 1. 2005/5-6, p.146~147)

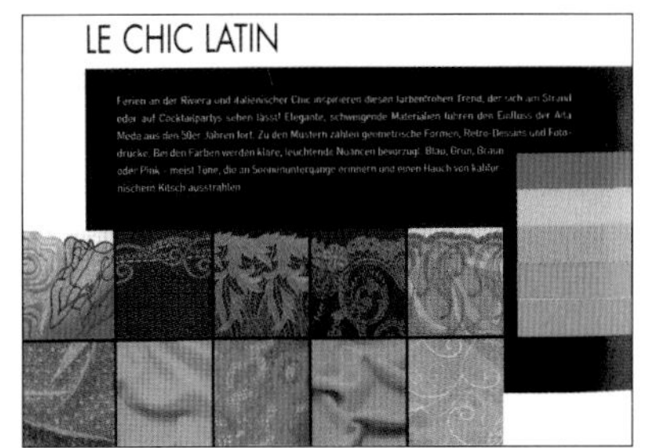

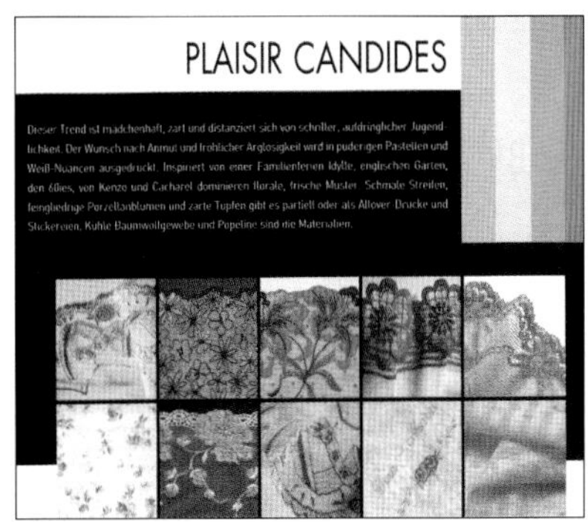

■ 예 2 (Diva, No.24, 2003 S/S, p.266~267)

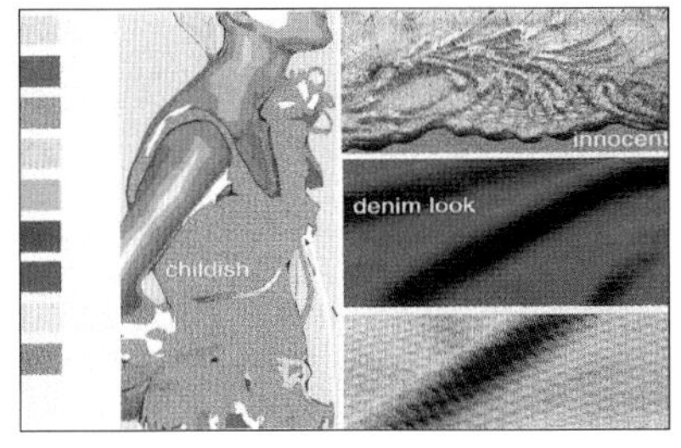

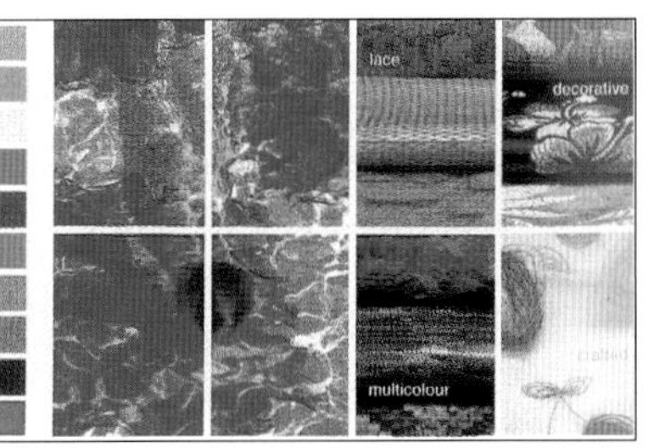

■ 예 3 (Intima, No.105-2, 2005 S/S, p.112)

■ 예 4 (Intima, No.103-1, 2004~5 F/W, p.120)

■ 예 5 (Intima, No.130-1, 2004 S/S, p.118)

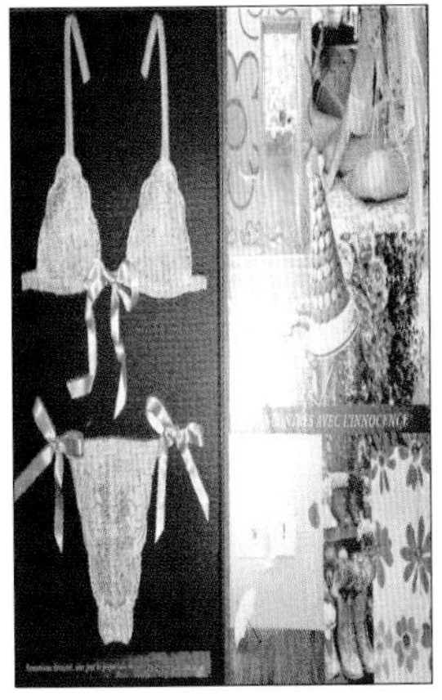

(Intima, No.105, 2004~5 F/W, p.110)

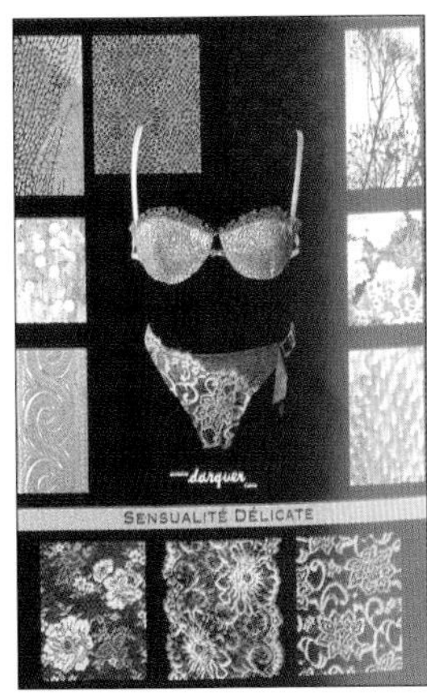

4) Design

Sytle 맵을 보고 소재와 칼라 등을 함께 연관시켜 디자인을 스케치하여 전개한 뒤 종합적인 map으로 구성하여 실제 제작되었을 때의 옷과 같은 느낌이 들도록 표현한다.

■ 예1 (Sous, No.3, 2003 S/S, p.42~44)

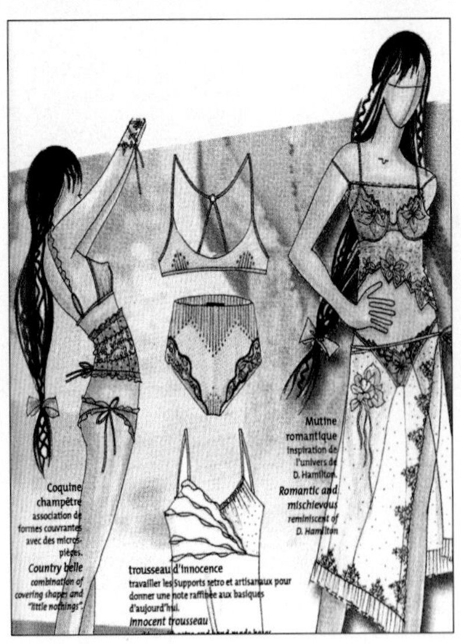

■ 예 2 (Intima, No.104, 2004 S/S, p.128)

(Sous, No.3, 2003~4 F/W, p.202)

5) 코디네이트 개념을 고려한 정리단계

속옷도 겉옷처럼 부분적인 아이템 간에 전체적으로 코디의 개념을 고려하여 디자인하는 것이 중요하다.

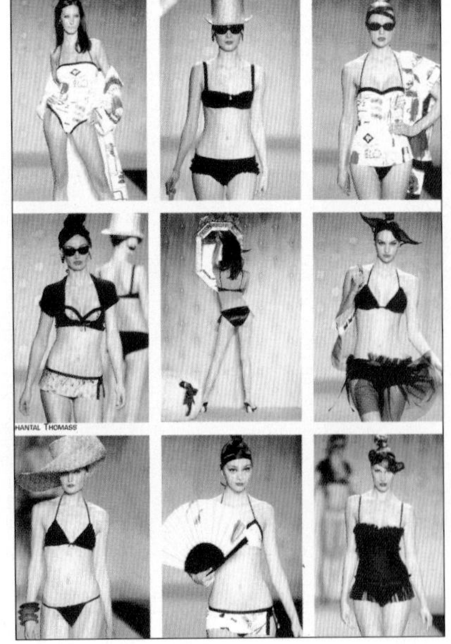

(2) 속옷의 다양한 디자인

최근 속옷의 겉옷화 추세로 인해 다양한 디자인의 전개가 이루어지고 있는데 그 중에서 제일 보편적으로 디자인되고 있는 스타일을 모아 소재, 칼라 및 장식의 종류에 따라 다음과 같이 정리해 보았다.

1) 칼라와 소재에 따른 분류

속옷 소재로 가장 보편적으로 많이 사용하는 것은 솔리드, 프린트, 레이스, 시스루라고 할 수 있으므로 이들을 중심으로 누구나 즐겨입는 아이템인 브래지어와 팬티를 그 예로 전개시켜 보았다.

솔리드 : 단색의 무늬가 없는 기본 소재
프린트 : 솔리드의 반대로 단색이 아닌 여러 색으로 무늬를 놓은 것을 말함
레이스 : 꼬임이나 엮는 방법 또는 편성의 원리에 의해 만든 얇고 구멍이 뚫린 장식용 천을 말함
시스루 : 레이스, 망사나 비치는 소재로 인해 비치는 느낌을 말함

① 단색 + 단일소재사용

솔리드소재가 대표적이고 그외에 레이스, 쉬스루 소재 등을 많이 사용함.

■ **소재 : 솔리드**

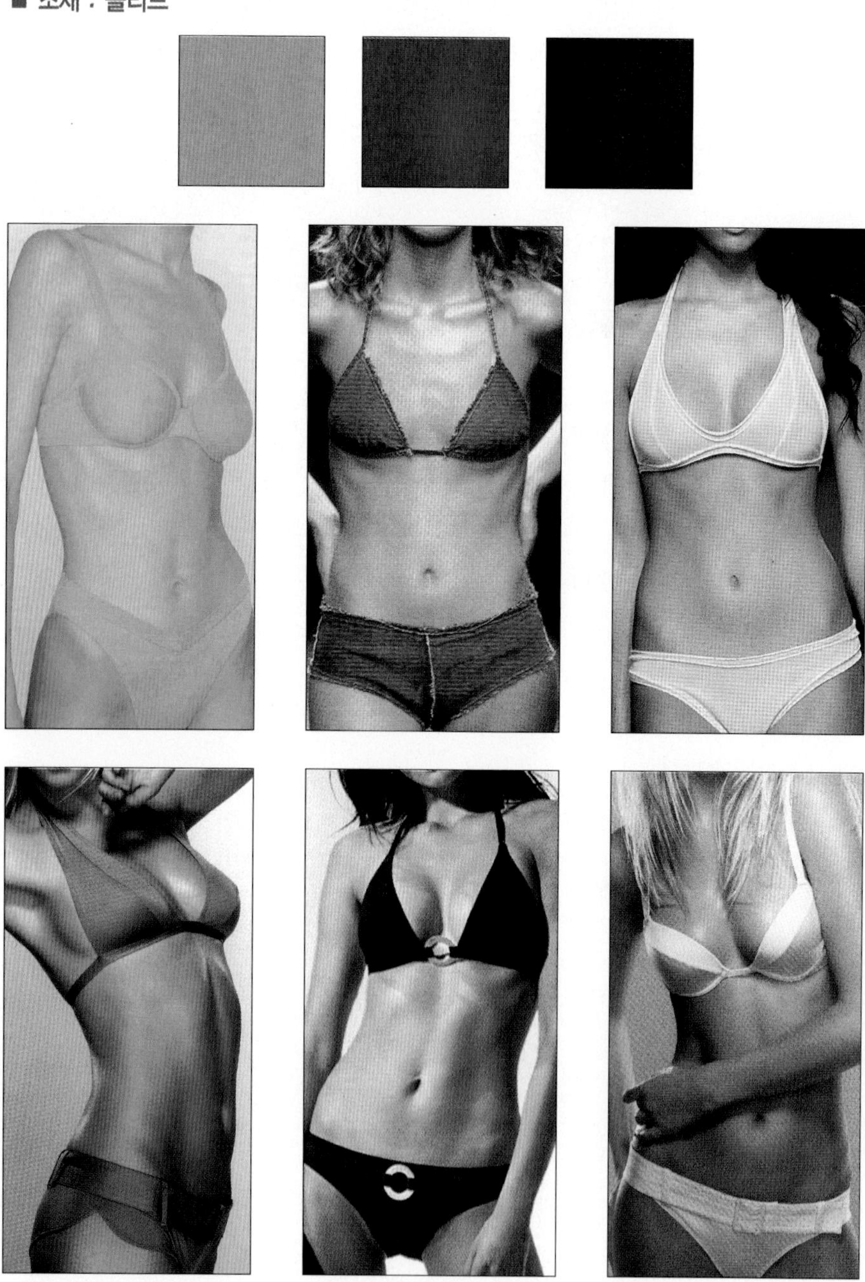

■ 소재 : 레이스

■ 소재 : 쉬스루

② 단색 + 다른소재사용

솔리드와 레이스 또는 쉬스루 소재가 일반적으로 많음.

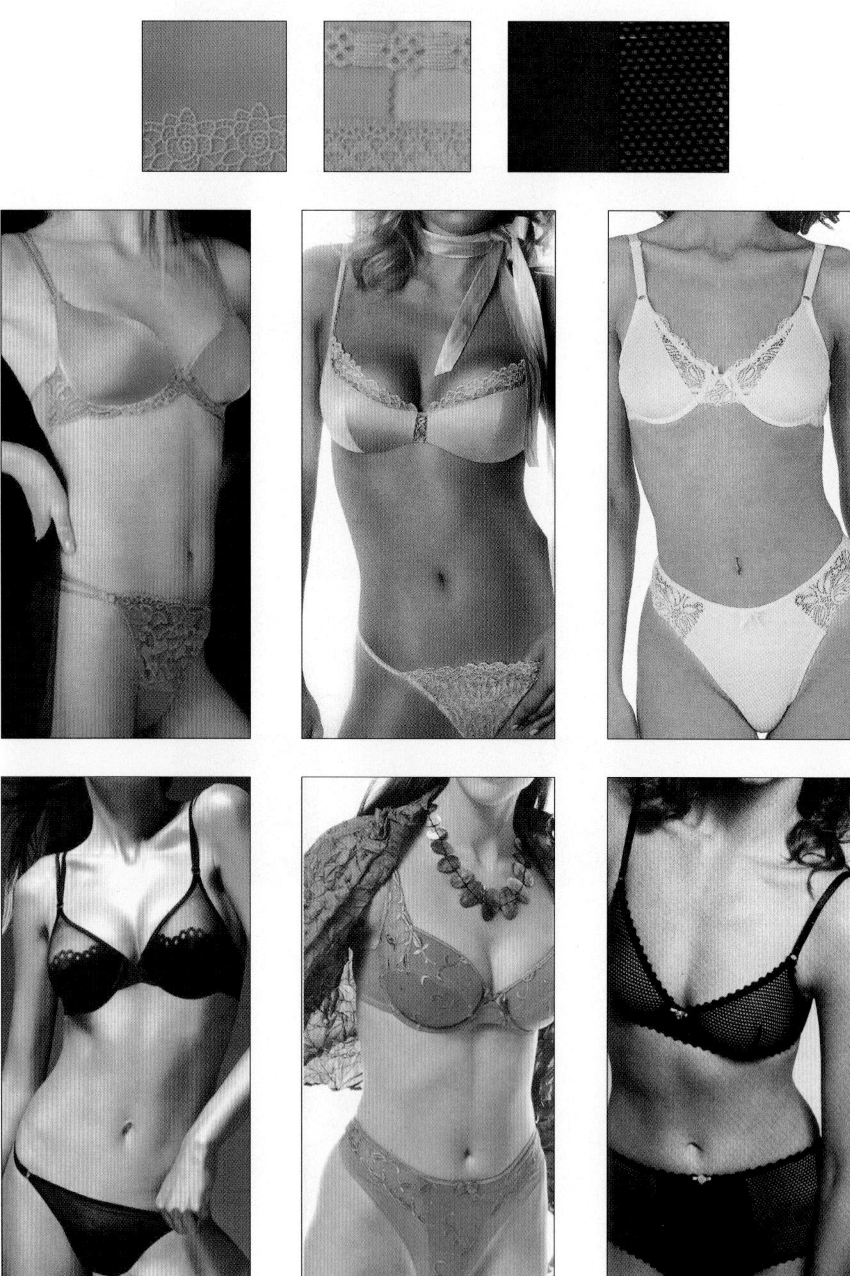

③ 칼라배색 + 단일소재사용

■ 선염무늬(실자체를 여러색으로 염색)

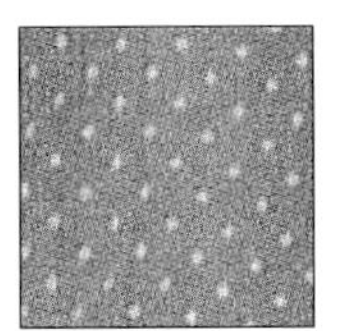
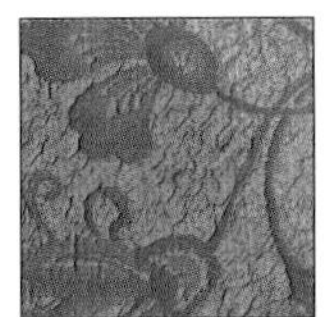

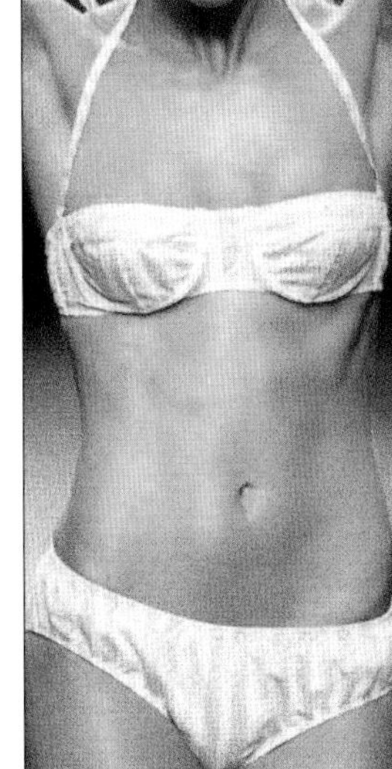
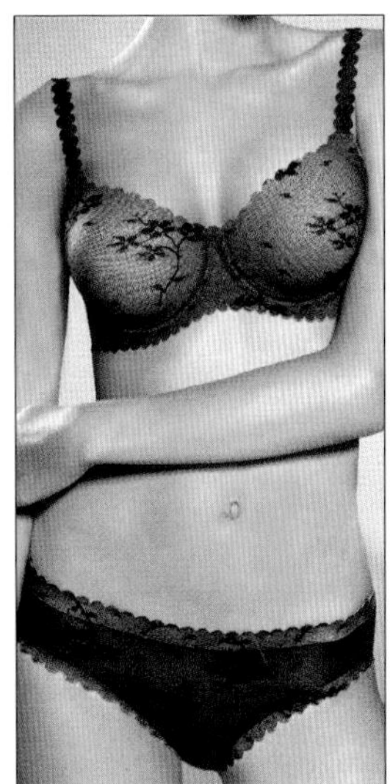

■ 후염무늬(이미 짜여진 솔리드에 프린트를 한 것)

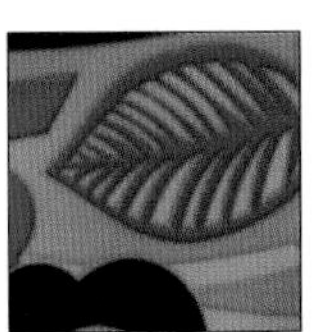
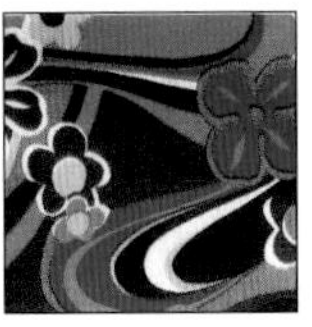
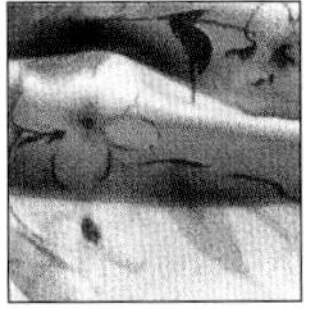

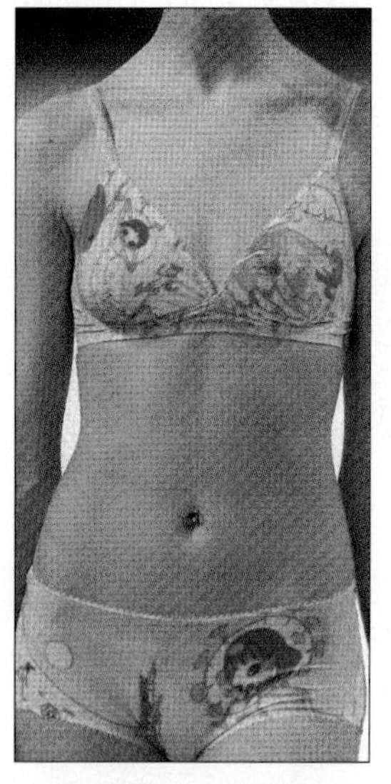

■ 같은 소재의 질감에 색만을 달리해서 배색시킨 것

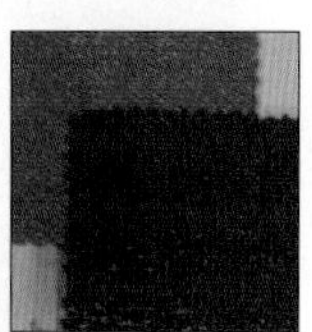
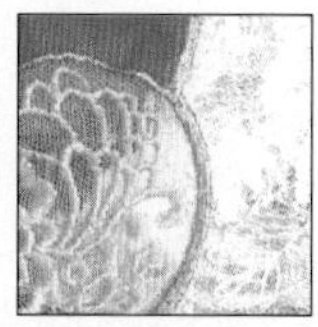

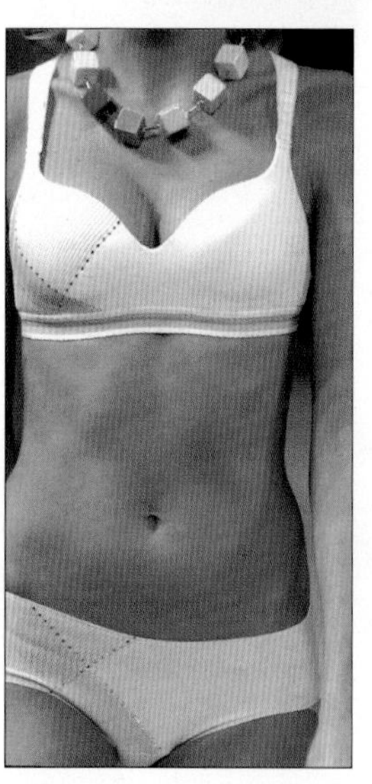

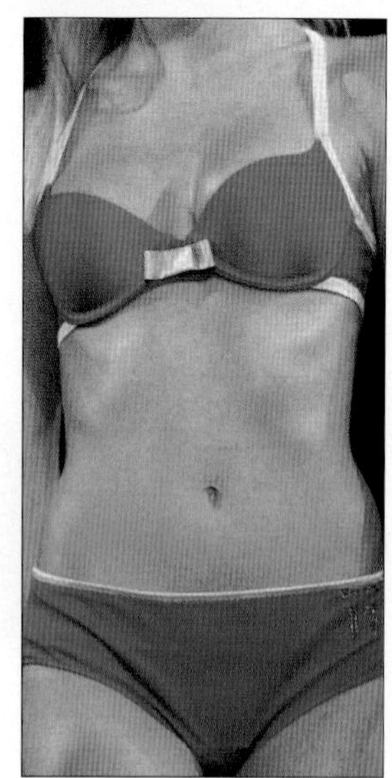

④ **칼라배색 + 소재배색사용**

솔리드와 레이스에서의 배색이 일반적이며 그 외에 선염이나 후염무늬소재에 레이스배색 또는 솔리드에 다른 질감의 소재 배색하기도 한다.

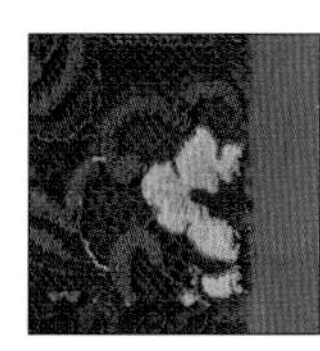
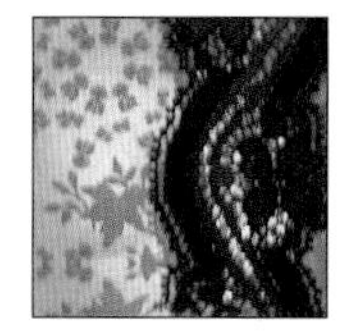
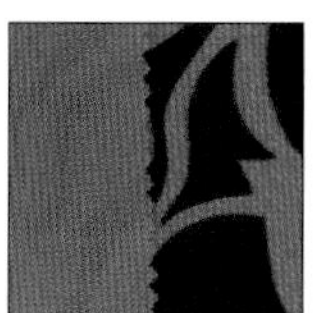

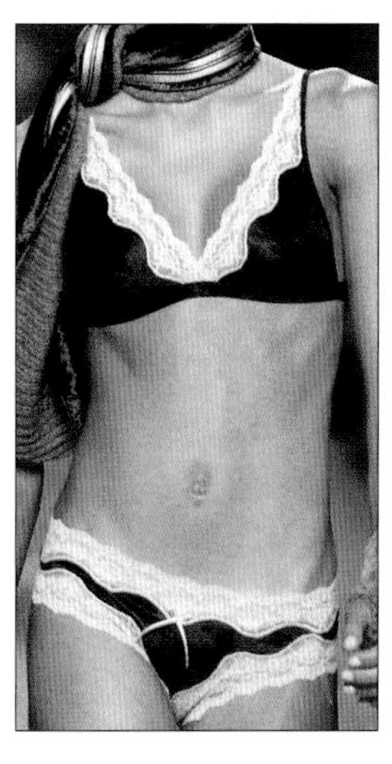
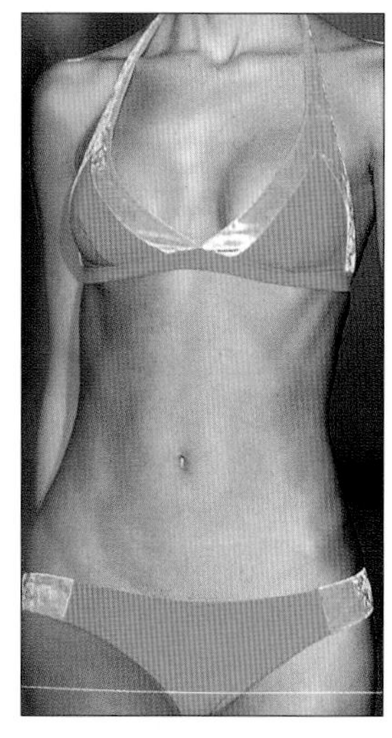
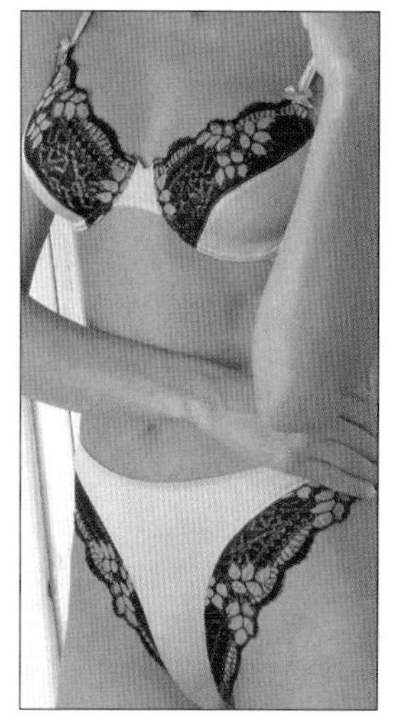

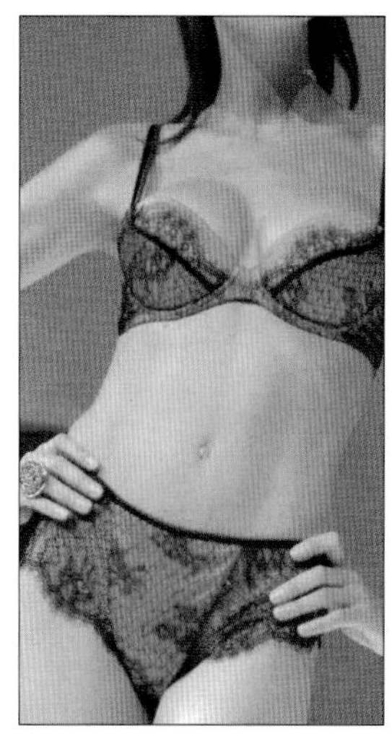
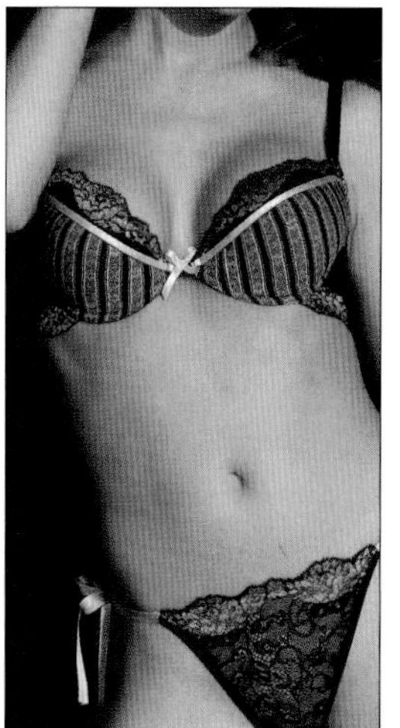

2) 장식에 따른 분류

① 자수장식

자수란 실로 장식한 스티치를 말한다.

② 브레이드 장식

브레이드란 좁게 짜거나 엮어서 만든 끈, 술을 말한다.

③ 프릴장식

프릴이란 주름을 잡아 붙인 가장자리 장식으로 러플보다 폭이 좁은 것을 말한다.

④ 보우장식

보우란 장식용 리본으로 끈으로 된 것을 리본형태로 묶는 것을 의미한다.

⑤ 셔링장식

셔링이란 천에 적당한 간격을 두고 재봉틀로 여러 단을 박아 밑실을 잡아 당겨 줄이는 방법을 말한다.

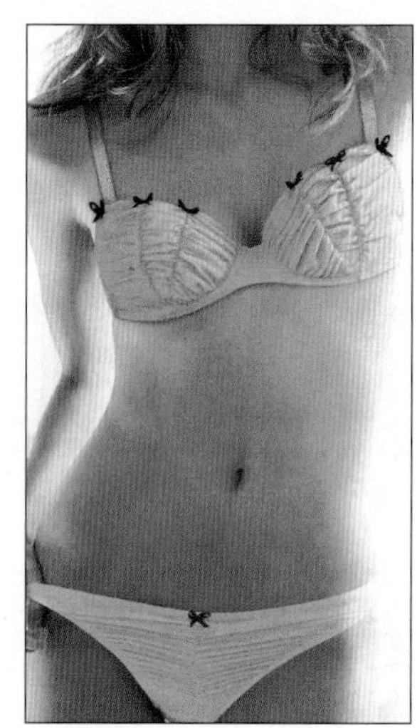

⑥ 스티치장식(새들)

동색 또는 대비되는 색으로 장식효과를 얻기 위한 것으로 겉과 안의 바느땀을 같게 한 홈질로 도안으로 윤곽이나 선을 강조할 때 쓰인다.

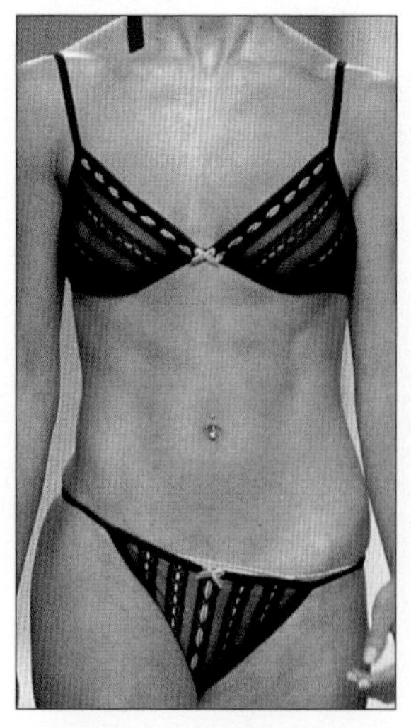

⑦ 지퍼장식

⑧ 링장식

사각이나 원형이나 각각의 브랜드에서 만드는 로고링 같은 것을 장식한다.

⑨ 엘라스틱 밴드장식

편안한 신축성을 주기 위해 탄력성이 좋은 엘라스틱 밴드를 사용하며 일반적으로 스포츠형이나 레저용 속옷에서 많이 사용한다.

⑩ 기타장식

끈장식

큐빅

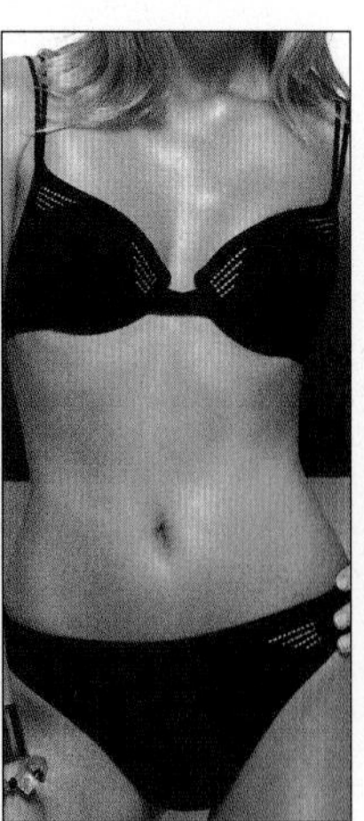

파이핑장식

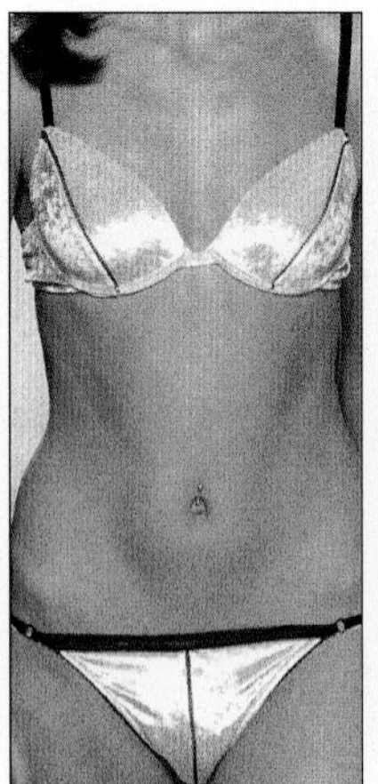

퍼(모피)장식

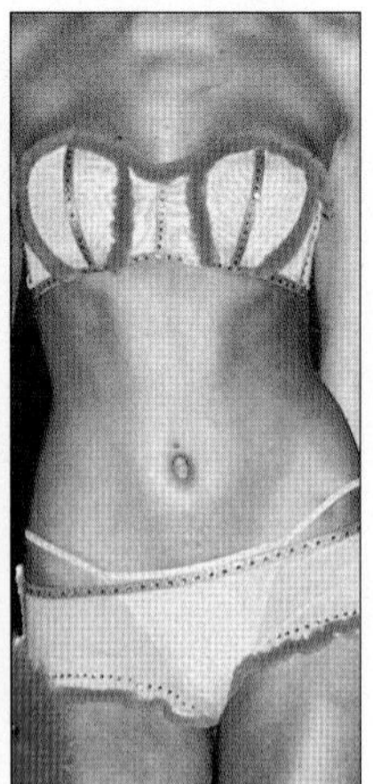

3. 속옷의 디자인 실무

(1) 속옷의 도식화

일반적으로 대부분의 속옷브랜드는 겉옷브랜드와는 달리 모든 아이템을 제품화하기 보다는 몇 가지 중점적인 아이템을 선택하고 있다. 가장 보편적인 브랜드의 상품은 브래지어와 팬티, 슬립의 세트아이템을 주로 하는 브랜드와 보정웨어 즉 올인원, 거들, 코르셋, 웨이스트니퍼 등의 기능성중심의 보정웨어 브랜드, 팬티 및 내의, 잠옷이나 홈웨어 등 단품위주의 아이템을 전개하는 브랜드로 크게 구분되고 있지만 최근에는 스타킹까지를 포함하여 모든 속옷에 코디네이트의 개념이 적용되어 모든 아이템들을 다양하게 전개시키고 있는 추세에 있다.

도식화에서 사용되는 아이템의 약자

브래지어(BR)/ 거들브래지어(GB)
팬티(WP:브래지어와 세트인경우/ PT 또는 TP(단품인경우)/트렁크(MP)
올인원(BT)
거들(GR) /웨이스트니퍼(WGR)
슬립(FS: 원피스/CS:하의바지의 투피스)
가운(GW)
잠옷(GN)
파자마(WP 또는 PA)
러닝(RU)/ MV(하의와 세트인 경우)
데이웨어(DW)

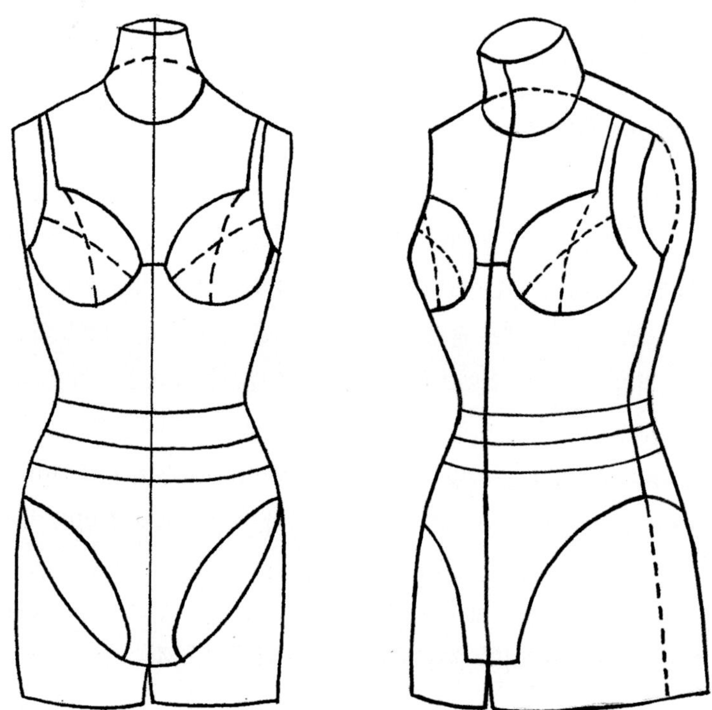

속옷도식화작성을 위한 기본 인체 바디

1) 각 아이템별 도식화

속옷의 모든 아이템 중 가장 일반적으로 많이 제품화되는 주요 아이템 즉 브래지어, 팬티, 올인원, 거들, 슬립, 캐미솔 및 기타 코르셋, 웨이스트, 가터벨트 등을 중심으로 선별하여 다뤄보았다.

① 브래지어(Brassiere)와 팬티(Panties)

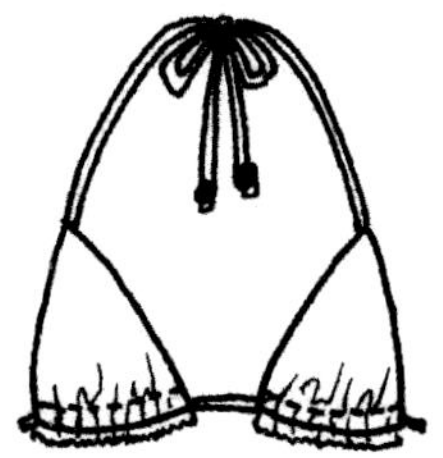

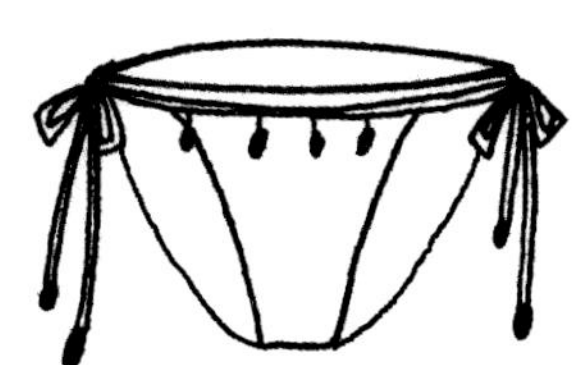

ⓘ **브래지어 (Brassiere: BR)**

브래지어의 디자인은 컵의 높이(풀컵형, 3/4컵형, 1/2컵형) 및 날개부분의 형태(테이프형, 벨트형, 라운드형, U자형, H자형, 백리스형), 착용목적(기능성용, 장식용, 보정용)에 따라 달라지므로 그러한 점을 도식화 작성 시에 고려해야 한다.

■ 다양한 디자인의 도식화

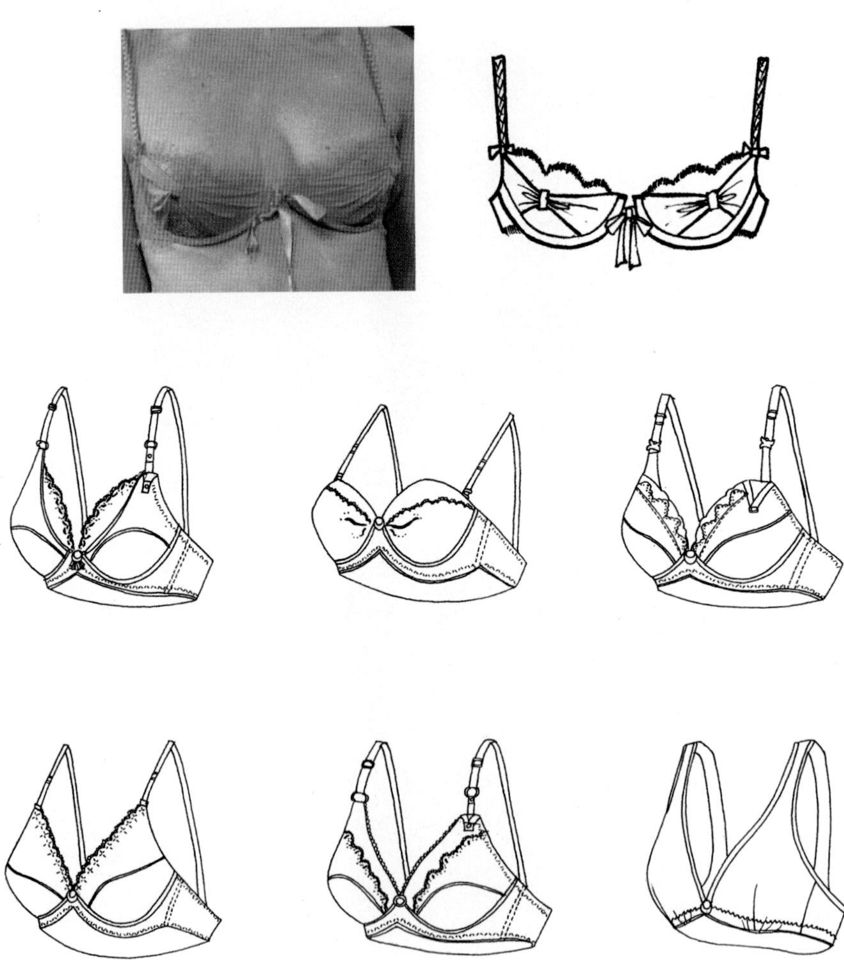

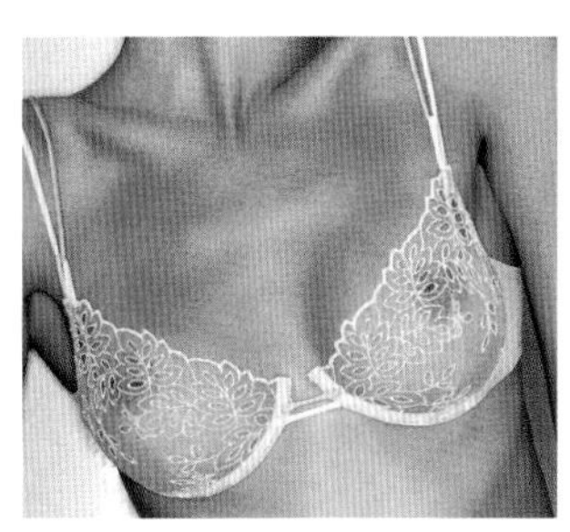

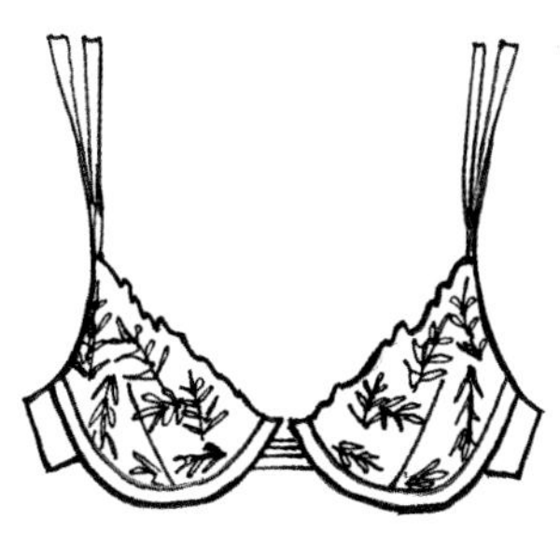

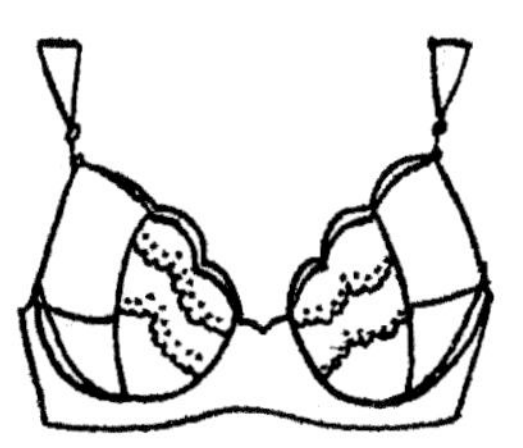

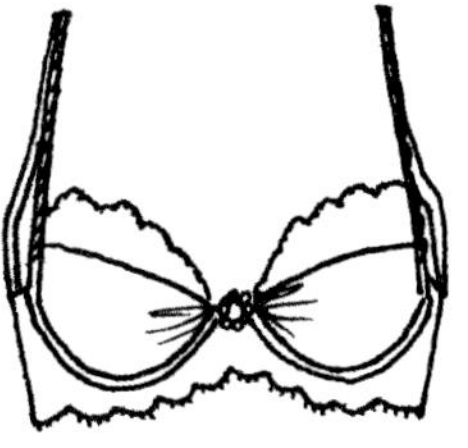

ⓘ **팬티 (Panties: WP/PT/TP)**

팬티는 위생적인 목적의 기본적인 하의속옷으로 앞중심의 허리선을 덮는 정도 및 엉덩이를 덮는 정도, 가랑이의 형태 및 길이에 따라 디자인이 크게 달라진다. 또한 같은 형태라 하더라도 사용목적에 따라 소재 및 장식을 달리하여 디자인을 다양하게 전개할 수 있다. 팬티는 일반적으로 브래지어와 세트로 구성하거나 아니면 단품으로 편안하게 입을 수 있는 스타일로 나뉜다.

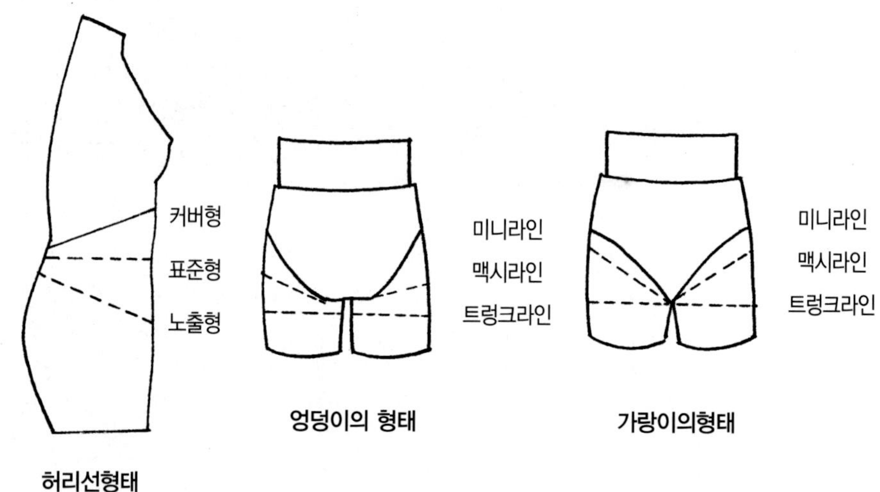

허리선형태

■ 같은 형태의 다양한 디자인의 전개

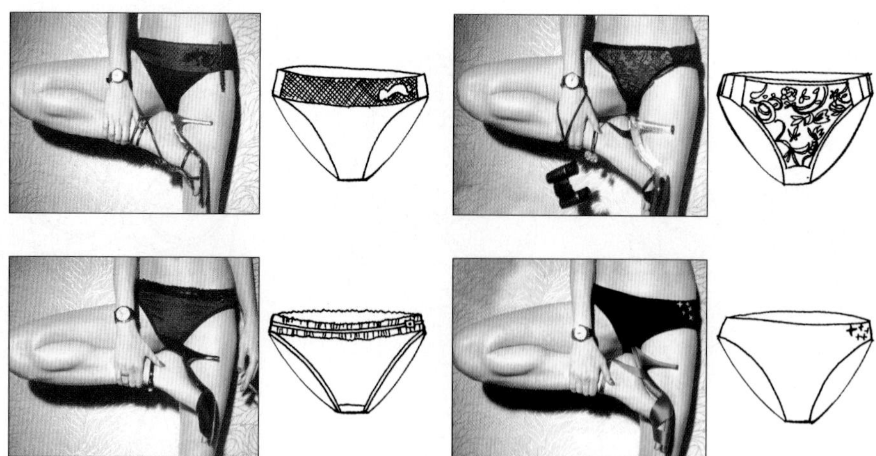

■ 다양한 디자인의 도식화

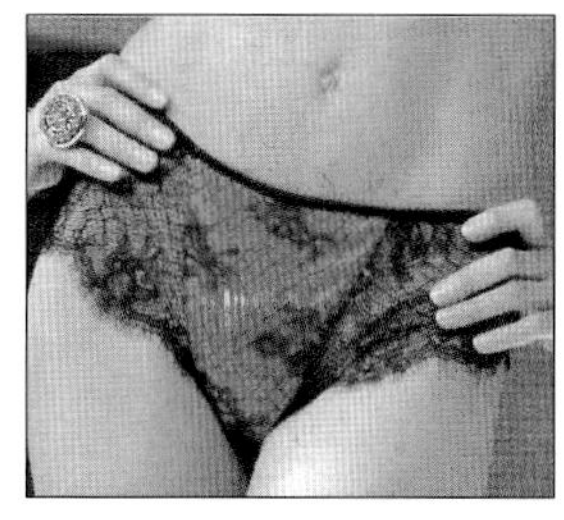

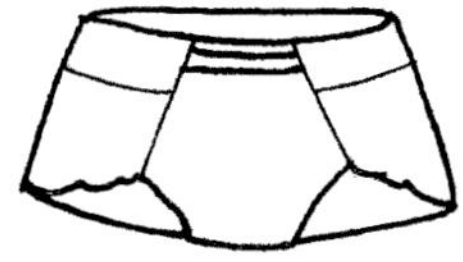

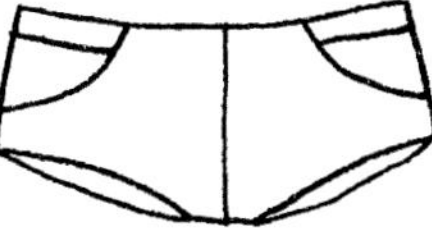

ⓘⓘⓘ 코디개념의 브래지어와 팬티세트 (1) : 한 set인 경우

ⓘⓥ 코디개념의 브래지어와 팬티세트 (2) : 두 set인 경우

② 거들 (Girdle: GR)

하반신의 형태를 아름답게 가꾸기 위한 속옷인 거들은 특정부위의 보정목적에 따라 조여주는 정도가 달라지고, 다리길이 및 허리길이에 따라 그 디자인이 달라지므로 원하는 용도에 맞도록 인체부위의 특성에 잘 맞는 디자인을 하는 것과 그 디자인에 잘 조화되는 소재 및 부자재를 선택하는 것이 중요하다.

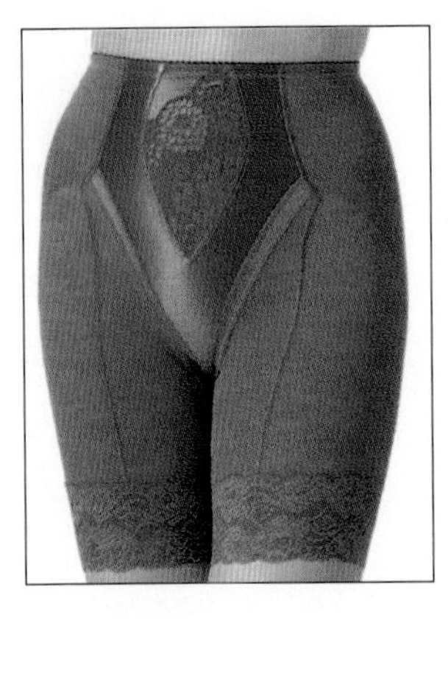

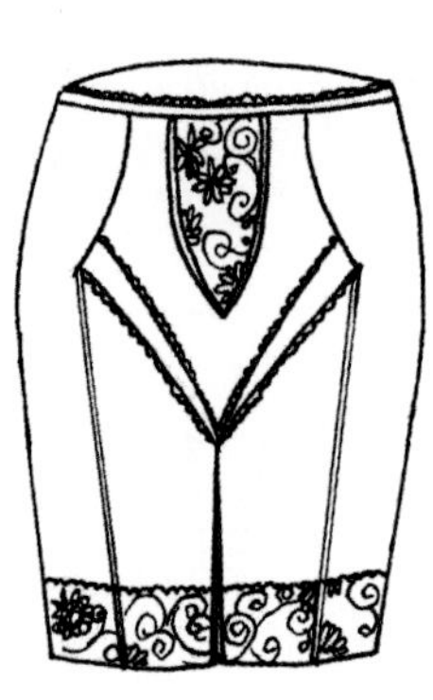

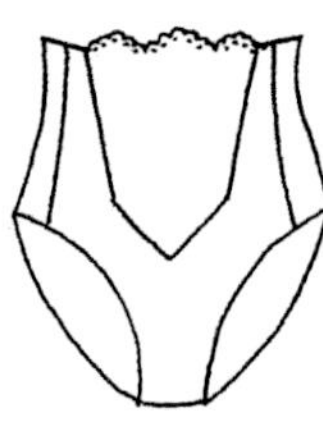

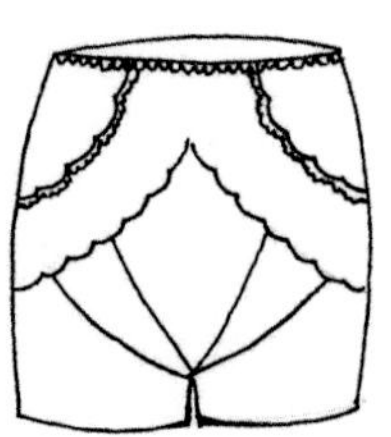

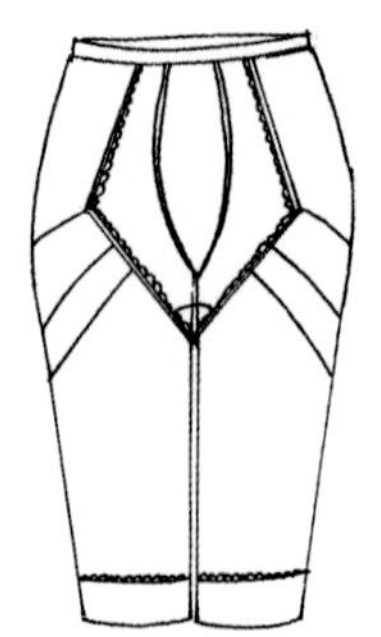

③ 올인원 (All-in-one: BT)

가슴, 허리, 힙, 배 등의 몸통을 전체적인으로 감싸는 올인원은 소비자가 원하는 보정부위와 보정력의 정도(자연스럽고 부드러운 보정, 코르셋과 같은 강력한 보정)에 따라 디자인이 크게 좌우된다. 따라서 제일먼저 인체의 각부분에 따라 그 기능을 달리해야 하므로 인체의 부분적인 사이즈와 소재의 신축성의 정도를 잘 파악하고 그에 적합한 소재를 선택할 수 있도록 소재에 대한 정확한 정보와 지식을 갖는 것이 필요하다.

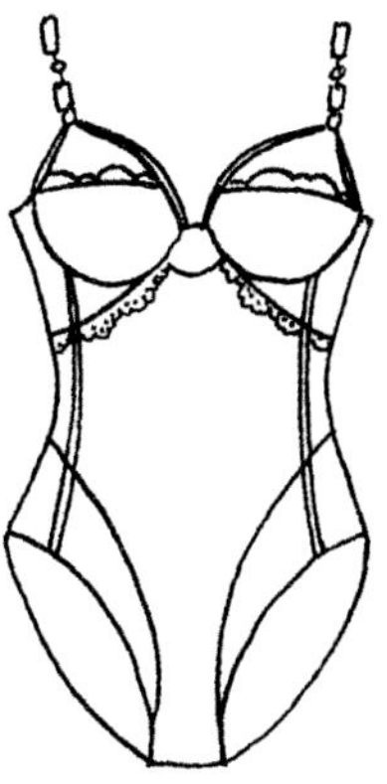

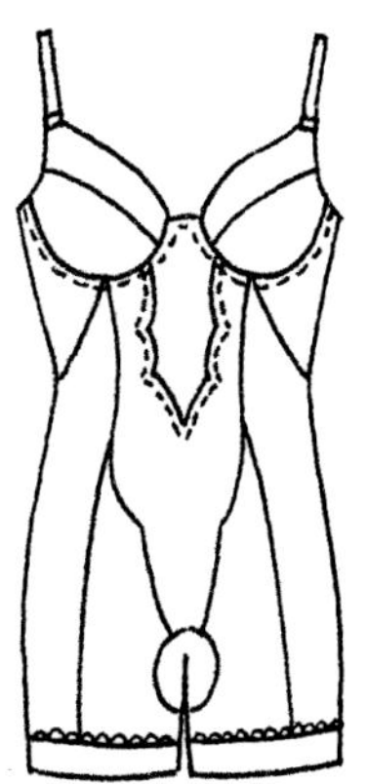

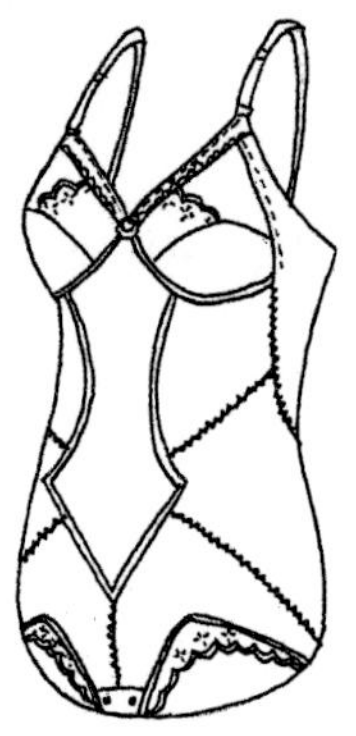

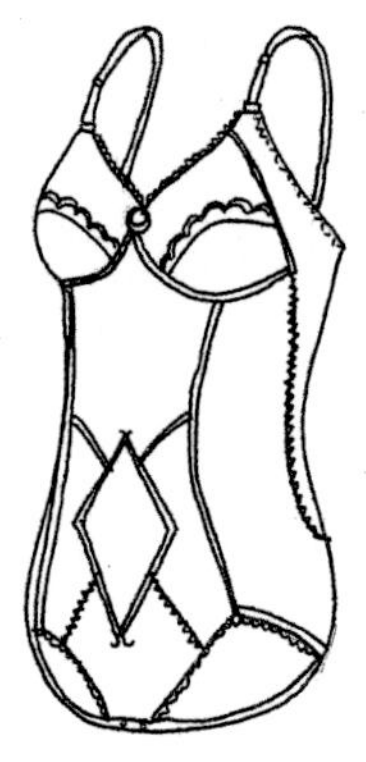

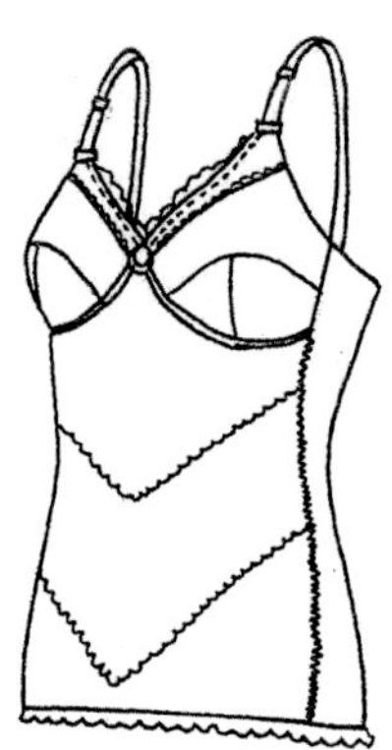

④ 슬립 (Slip: FS(원피스형)/ CS(투피스형)

예전에 슬립은 아웃웨어의 실루엣을 살리기 위한 이너웨어의 용도로 많이 쓰였으나 오늘날에는 잠자리에서 편안하게 입을 수 있는 장식이 가미된 용도로 많이 착용되는 추세이다. 슬립 본래의 용도로 겉옷안에 입을 때는 옷이 몸에 맞는 정도의 실루엣에 따라 주름분이나 여유분 및 길이를 고려해서 디자인해야 한다.

⑤ 캐미솔 (Camisole)

캐미솔은 슬립의 상의로 소매가 달리지 않으면서 어깨부분에 끈으로 연결되고 가슴선이 수평으로 재단된 형태인데 최근에는 속옷보다 자켓안에 입는 브라우스 스타일로서의 아웃웨어로 변화되고 있다. 따라서 언더웨어의 슈미즈와 그 형태가 비슷하지만 위생적인 목적의 러닝개념이 슈미즈라면 캐미솔은 좀 더 장식성이 가미된 아웃웨어에 가까운 란제리라고 할 수 있다.

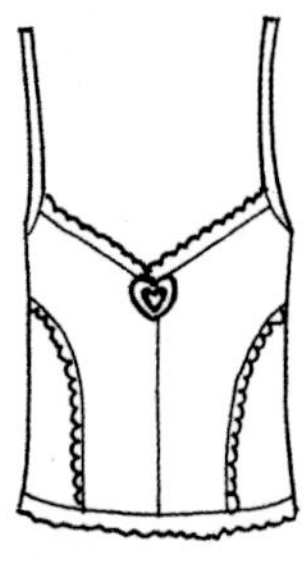

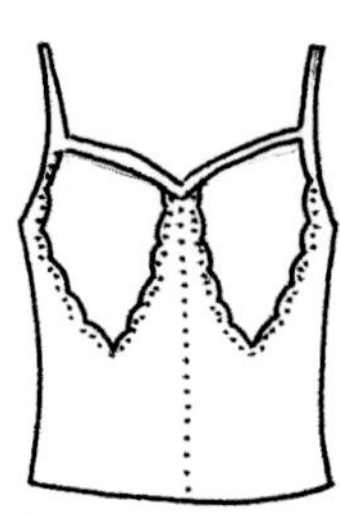

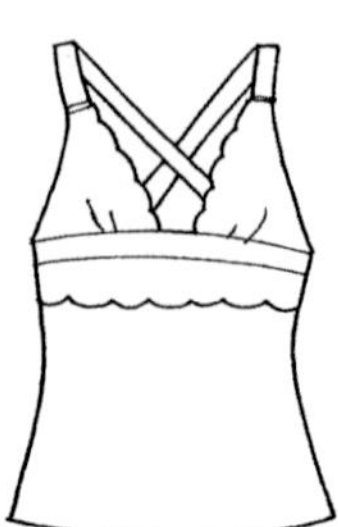

⑥ 기타 : 웨이스트니퍼(Waist nipper), 코르셋(Corset), 가터벨트(Garter belt) 등

예전에 대중적이던 가슴부터 허리라인까지를 보정하던 코르셋은 오늘날에는 거들이나 웨이스트니퍼로 대체되었으며 밴드 스타킹이 흘러내리지 않게 하는 가터벨트는 외국과는 달리 우리나라에서는 팬티스타킹의 착용으로 수요가 거의 없다가 최근 들어 조금씩 소비가 늘어나고 있다.

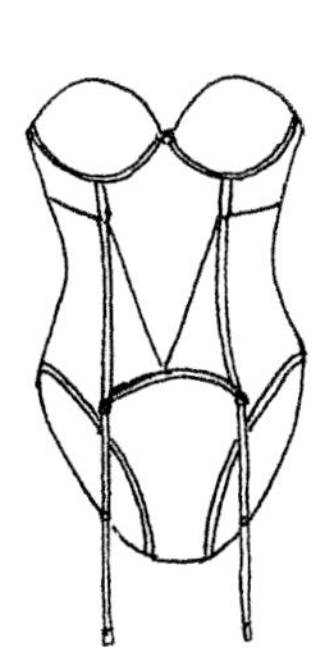

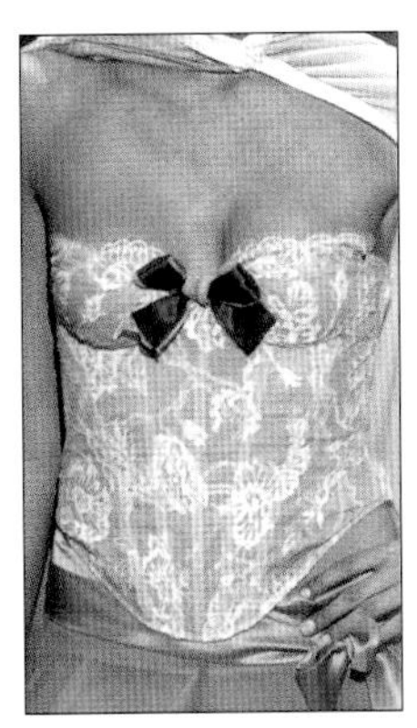
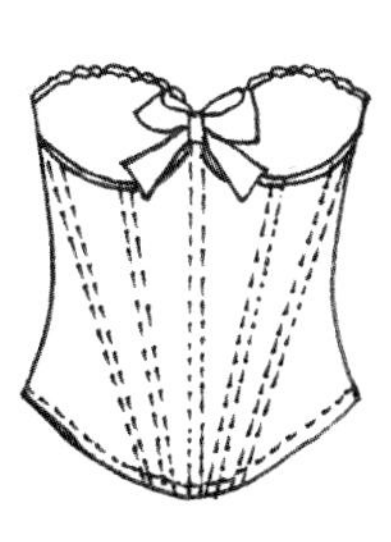

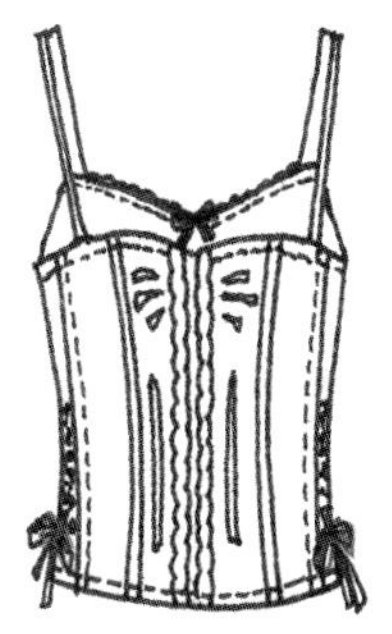

2) 아이템 간의 코디네이트

요즘에는 소비자의 다양한 요구에 맞추어 아웃웨어의 모든 아이템이 코디네이트화됨에 따라 속옷에서도 각 아이템간의 소재와 색, 디자인에서 코디의 개념이 도입되어 다양하게 전개되고 있다. 가장 대표적인 것으로는 브래지어와 팬티 세트를 들 수 있으며 더 나아가 같은 소재로 1개의 브래지어에 2개의 팬티(사각, 삼각)나 2개의 다른 스타일의 브래지어와 팬티를 서로 교차시켜 입을 수 있도록 디자인하고 있다.

일반적으로 볼 수 있는 아이템 간의 코디를 다음과 같이 나눌 수 있다.

1. 모든 아이템의 코디네이트화: 전 아이템을 전개
2. 3-4개정도의 아이템코디: 브래지어(슈미즈, 코르셋, 캐미솔) 팬티(거들), 슬립, 올인원(가터벨트)
3. 2개정도의 아이템코디: 브래지어(슬립, 코르셋, 슈미즈, 캐미솔)와 팬티,

■ 코디아이템의 예1): 브래지어, 팬티, 슬립, 올인원

■ 코디아이템의 예 2): 브래지어와 팬티

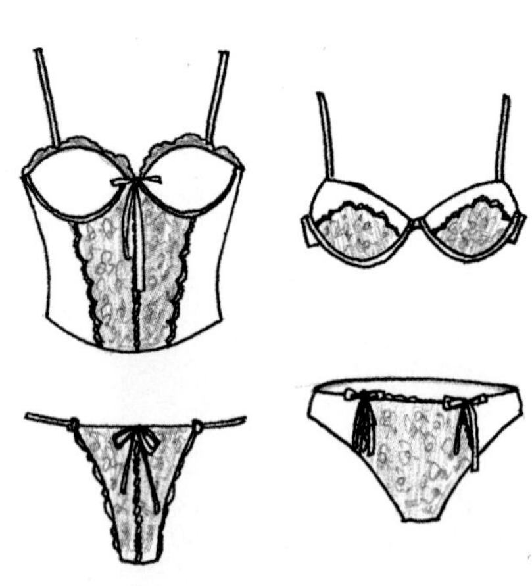

■ 코디아이템의 예3): 브래지어와 팬티, 슬립

■ 코디아이템의 예4) : 슬립과 올인원(가터벨트달린)

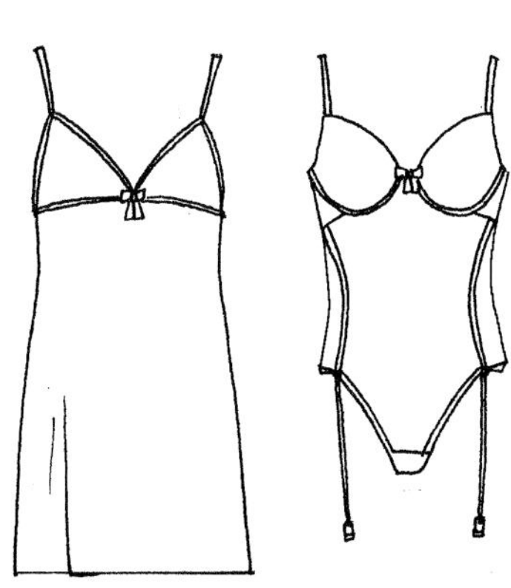

■ 코디아이템의 예5): 브래지어와 팬티, 올인원

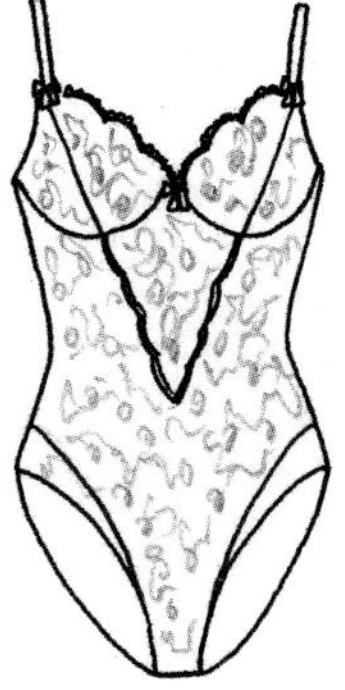

■ 코디아이템의 예6): 남녀의 커플개념을 도입된 set

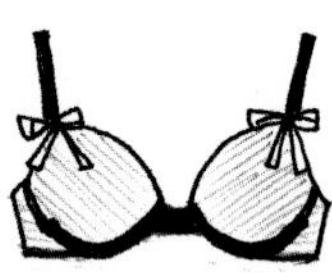

■ 코디아이템의 예7) : 브래지어와 팬티, 바디슈트

(2) 속옷의 작업지시서 및 봉제관련기호

속옷은 겉옷과는 달리 작고 섬세하며 인체의 라인과 관련이 밀접하여 일반적인 아웃웨어의 패션보다 디자인 및 소재와 장식, 부자재 등에서 특수성을 지닌다. 때문에 더 세심하고 주의 깊은 봉제가 요구되는데 큰 디테일의 표현보다는 작은 디테일로 구성되므로 자세한 봉제지도서 및 단계적이고 체계적인 봉제단계를 구체적으로 제시해주는 것이 중요하다.

기능별 기본땀수 및 재는 법

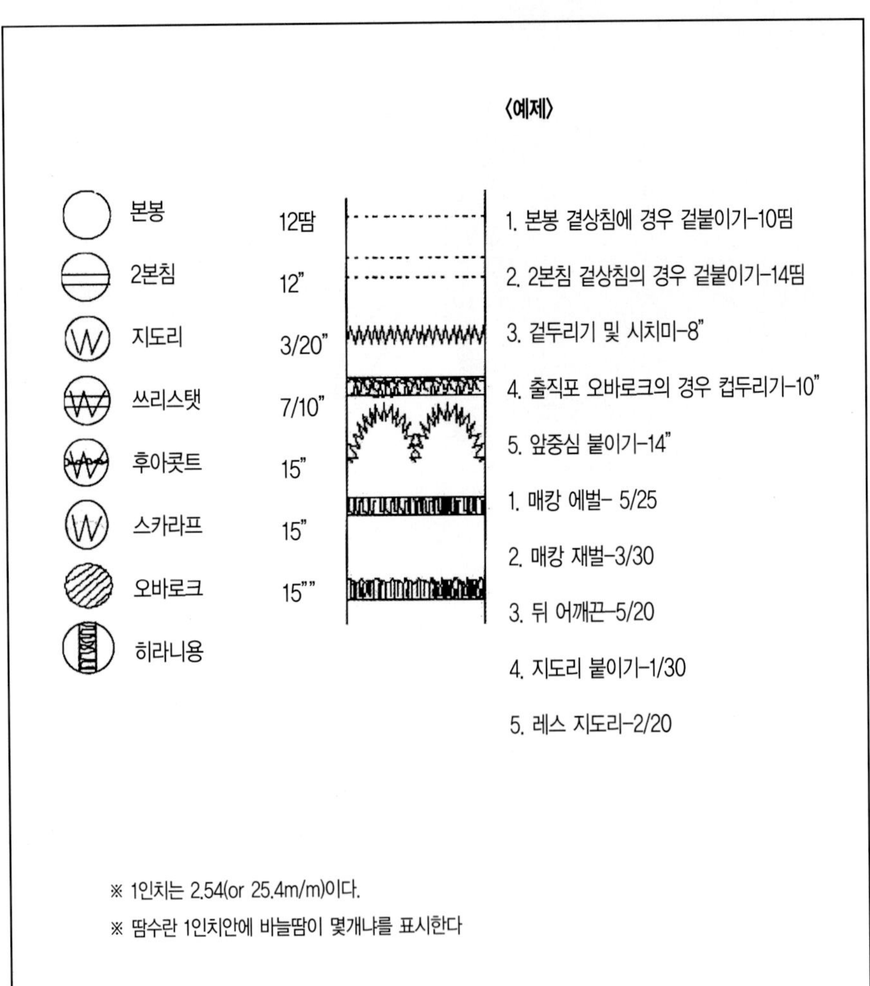

미싱종류 및 사용용도

부호	기계명	기본땀수	사용용품	사용용도	사용바늘
	본봉	12	BRA,GR,NT,SL,PA	붙이기 및 상침	DB
	이본침	12	BAR,GR,NT	상침및 레이스작업	DP
W	지도리	3 20	BAR.GR,NT,SL,PA	상침및 테이프.테이스 작업	DP
W	쓰리스텃치	7 10	BAR.GR,PA	부직포,우마붙임,테이프작업	DP
W	후아코트	14	BT,GR	앞중심 붙임	DP
W	스카라프	7 14	BT,GR	무늬 상침	DP
	1본오바로크	15	GR,NT,SL,PA	붙이기 및 끝 마무리	DC
	2본오바로크	15	GR,NT,SL,PA	붙이기 작업	DC
K	간도메	2 /30	BAR	어깨끈 단추 마무리 및 간도채	DP
	히라니용	18	GR,SL,PA	레이스 및 테프 작업	DV
	라벨		NT	단추 달기	TQ
	갸쟈		NT,SL	원단 및 레이스 주름	DB
CL	CL라스		BAR,SL	바이아스로 끝 마무리 작업	DB
	나나인치		NT	단추 구멍 뚫기 작업	DP
S	스꾸이		NT	단뜨기 작업	UN
P	P코트		SL	실크 원단끝 테이스 모양작업	UO
	오도람프	18	GR,BT	준칩 붙이기	FL

SAMPLE 지시서(1)

결재	디자이너	팀 장

브랜드명 : ER

품 명	BR-01	SEASON	S/S
STYLE	3/4컵	SIZE	75AA-85AA/ 75A-85A

Design

컵상변 피콧밴드 본봉 상침
컵둘레 미본침 1/4
미본침 1/8
날개 상하면 z/z 재벌 BI0 - BI01
미본침 3/16 (A) Bone, 당목 Bias

규 격 표 (cm)

	항목 \ SIZE	75AA	80AA	85AA	75A	80A	85A	허용치수
a	총장	64	69	74	64	69	74	±1
b	추총장	75	80	85	75	80	85	±1
c	컵둘레	17.4	18.4	19.4	18.4	19.4	20.4	±0.3
d	컵상변	13.5	14	14.5	14	14.5	15	±0.2
e	앞높이				4.1			±0.2
f	옆높이				8.1			±0.2
g	(A)Bone컷팅				6.5			.
h	날개상변				20.5			±0.3
I	어깨끈 컷팅 길이	44cm						
j	뒤 어깨끈 간격	3.5	4	4.5	3.5	4	4.5	
k	Hook/Eye	32mm(2x6)						

원 부 자 재 명

자재명	규격	용도
폴리선염스트라이프(텍스컴)		Cup,중심,날개
Mold Cup(필로스SD-2)		Cup
TR-26	60/58	중심용
B10-8101(신염)	10cm	날개 상,하변
B10-8133(신염)	10cm	어깨끈
파콧밴드(한강HK-082)	10cm	캡상변
S10-5112(신영)	10cm	꼬막끈
TR 22QD Blas	20cm	앞중심 상변용
당목 Bias	25cm	옆중심용
(A)8one	3.5cm	
Wine(Steel Soft)		
W10-LOOP	10cm	컵둘레용
Hook Eye(2x6/기모지 열 컷팅)	32cm	

포장방법

* 1매입 포리백

품질표시(치수 및 혼용율)

호칭	75AA	80AA	85AA	75A	80A85A	80A
신체치수(T.B)	82.5	87.5	92.5	85	90	95
신치치수(U.B)	75	80	85	75	80	85
혼용율						

비 고

* 재단전 봉제 견복 1매 디자인실 CONFLRM 받은 후 작업에 임하시오.

세탁방법

SAMPLE 지시서(2)

결재	디자이너	팀 장

브랜드명 : ER

품 명	BR-02	SEASON	S/S
STYLE	3/4 WIRE	SIZE	75AA-85AA/ 75A-85A

Design

DESIGN 설명

기 타

규격표 (cm)							
항목 \ SIZE	75A	80A	85A				허용치수
컵이음길이	16.4	17.4	18.4				
컵상변길이	14.8	15.6	16.4				
컵둘레길이	18.4	19.6	20.8				
날개상변길이	20.8	22.5	24.2				
날개하변길이	22.2	24.0	23.8				
옆중심길이	4.2	4.5	4.8				
완성총장	61.5	66.0	70.5				
어깨끈길이	48.0						
	1번	2번	3번				
	4.9	5.2	5.6				
ASSORT	3.5	4.5	2.0				

원부자재명	
	미싱기종
	○ ⊖ 1/4 ⊖ 1/8 Ⓦ ₩ ◍ Ⓚ
주자재	SAKAE 288072 컵겉, 옆판(앞면 18㎝)
	사와무라틀 모티브 # 60341 좌, 우
	컵 옆 모티브
	사와무라틀 모티브 # 좌, 우
	어깨 모티브
	TR 4032P - 컵 레이스 속
	TR 26 - 앞판실
	크래탑 스폰지 5T - 하컵 패드(182)
	크래탑 스폰지 20T 상컵 옆컵
	PNS 653P - 날개
가공부품자재	813-5112 4
	13m/m Z 자(4)×8자(2)
	31m/m 2H/6E
	무학사장미(10m/m)리본
	봉사
	면사, 나일론사, 울사
부자재	B10-5185 상하변테이프
	TR26 핑테이프 22nb/m 컵이음
	TR26 점테이프 18nb/m 앞관상변
	TR4032P 사선바이어스 25m/m 컵상변
	수입와이드본(1-3변) L/R
	71-10APP 와이어바이어스
	SWJ H/P HARD TYPEWIRE
	기 타
	02-75A(17.0) 내정기준
	03-80A(18.2)
	04-85A(19.4) made wire

봉 제 지 도 서

결재	담 당	부서장

브랜드명 : ER

품 번 : BR -02 SIZE :75A-85A/70B-85B 2006년 5월 1일

NO	공 정	주 의 사 항	시접	기종	봉사	침목	비 고
1	컵상변 위치에 속 사이드심 고정	부직포 오바선에 사이드심 맞추어 폭만큼 (견본 참조)			C	3/28	
2	앞 어깨끈 붙이기	위치 맞추어 레이스끝 감싸 폭만큼			C	3/28	
3	HOOK 달기	폭과 폭 맞추어	7		C	12	
4	EYE 달기	폭과 폭 맞추어. 동시 라벨 넣어	7		C	5/25	싸이즈라벨
5	H/E 옆 간도매	뭉치거나 풀리지 않게			C	3/30	
6	악세사리 달기	앞판 상변 중심에			C	5회	장미 구슬
7							
8							
9							
10							
11							
12							
13							
14							
15							
16							
17							
18							
19							
20							

제품 규격(단위 : CM)

장소 \ 사이즈	75A	80A	85A	70B	75B	80B	85B	
컵이음길이	16.9	18.0	19.2	17.4	18.5	19.7	20.8	
컵상변길이	15.3	16.2	17.0	15.7	16.6	17.4	18.3	(부직포 길이)
컵둘레길이	18.7	19.9	21.0	18.7	19.9	21.1	22.3	
앞중심길이	4.1	4.4	5.0	4.0	4.3	4.8	5.2	
완성총장	62.5	67.0	72.0	58.0	62.5	67.5	72.0	(H/E 제외)
추총장	73.5	78.5	83.5	68.5	73.5	78.5	83.5	
본길이	6.4	6.9	7.6	6.5	6.9	7.8	8.1	(하변박히고 상변건너뛰기)
어깨끈길이	42.0	44.0	44.0	42.0	42.0	44.0	44.0	
assort	3.5	4.5	2.0	1.0	3.0	4.0	2.0	
컵옆상변길이	7.2	7.6	8.1	7.2	7.6	8.1	8.6	(주름5mm 포함길이)

STYLE

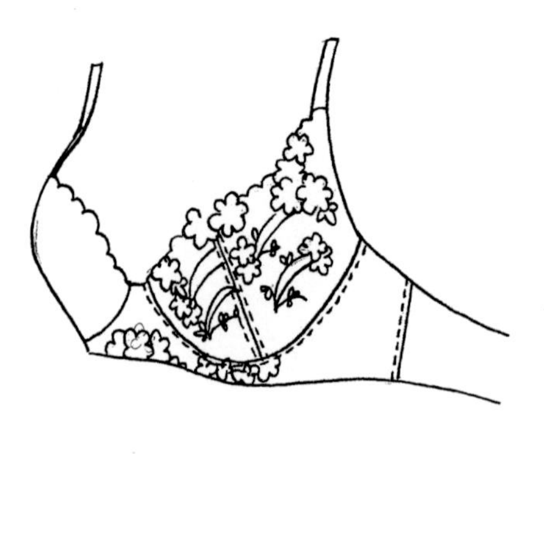

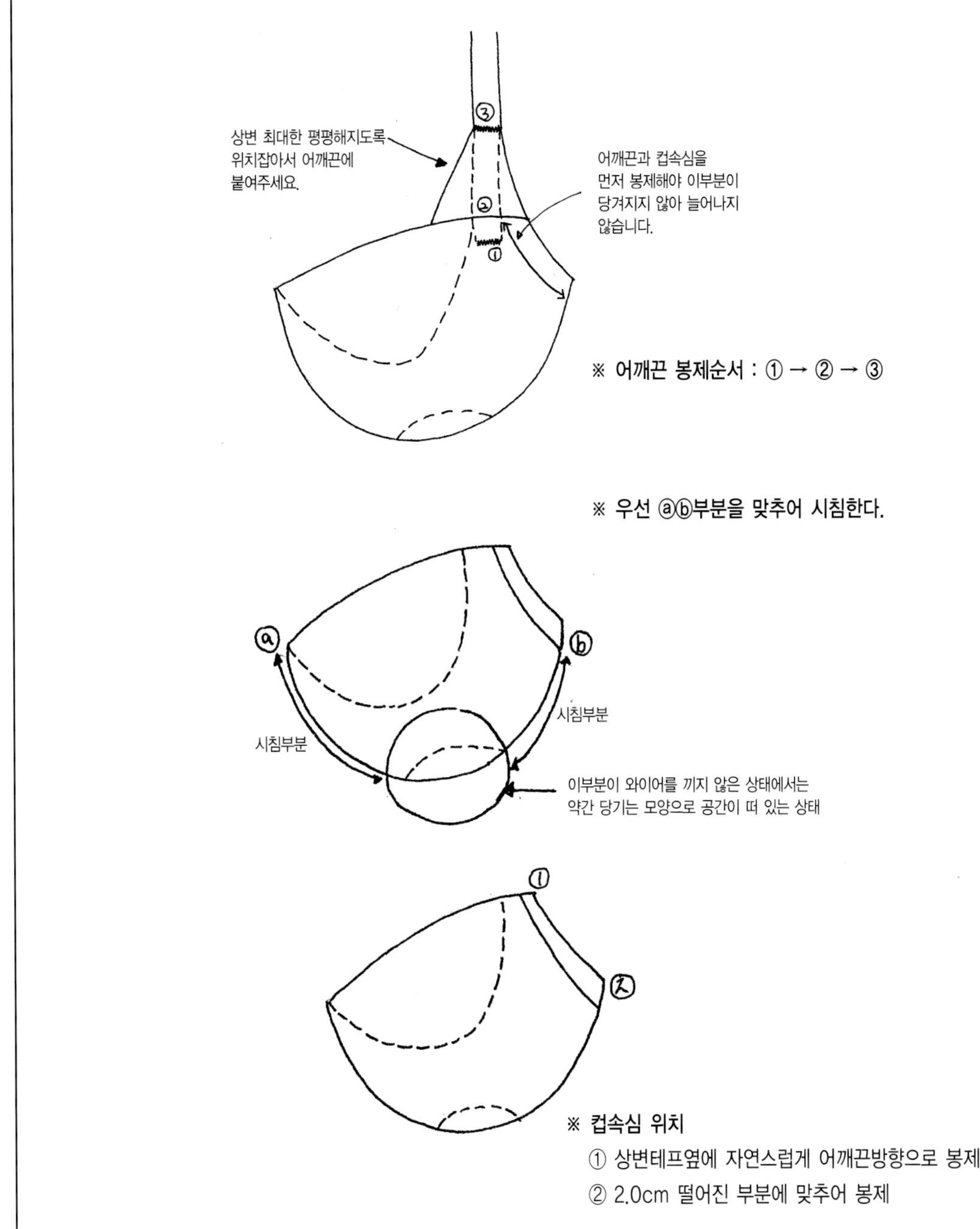

③
상변 최대한 평평해지도록 위치잡아서 어깨끈에 붙여주세요.
어깨끈과 컵속심을 먼저 봉제해야 이부분이 당겨지지 않아 늘어나지 않습니다.
②
①
※ 어깨끈 봉제순서 : ① → ② → ③
※ 우선 ⓐⓑ부분을 맞추어 시침한다.
ⓐ
ⓑ
시침부분
시침부분
이부분이 와이어를 끼지 않은 상태에서는 약간 당기는 모양으로 공간이 떠 있는 상태
①
②
※ 컵속심 위치
① 상변테프옆에 자연스럽게 어깨끈방향으로 봉제
② 2.0cm 떨어진 부분에 맞추어 봉제

NO	공 정	주 의 사 항	시접	기종	봉사	침목	비 고
1	캣츠아이 부직포 둘레 시침	둘레 맞추어 밀려 꼬임없이			C	8	*
2	동 하컵 부직포 붙이기	양끝 도매주어 평테프 얹어 벌어지거나 겹침없이			C	7/10	TR26-7.22mm(종선)
3	동 상침	부직포 바이어스 선에 맞추어 양끝 도매주어 먹힘없이.			C	12	25mm 라이렉스 종선 바이어스
4	라인 살려 상침선 일정하게.						
5	동 부직포 상, 하 붙이기	양끝 도매주어 평테프 얹어 벌어지거나 겹침없이			C	7/10	TR20-7.22mm(종선)
6	동 상변 옆상변 오바치기	컷트없이 시접 꽉차게 하여 늘어남 없이			N-W	3/15	
7	실조시 끝이 맞추어 당김없이						
8	컵레이스에 손 시루시	형지참조, (다트위치 시두시)					
9	컵다트 붙이기	시접 엄수,시루시 위치 맞추어 다트끝 굴려 뾰족하지 않게	6		C	14	
10	동 상침	시접갈라 양끝 도매주어 상침폭 일정하게			C	12	
11		실조시 풀어 맞추어 당김없이					
12	어깨 레이스에 싱 시침	레이스 낮은곡에 싱끝 맞추어 둘레 먹힘없이			C	8	
13	동 상변 상침	싱 끝선에 맞추어 양끝 도매주어 먹침없이 규격 엄수			N		
12	TR20-18mm(종선)						
14	컵레이스에 어깨 레이스 시침	위치 맞추어 먹힘없이. 좌,우 대칭되게	5		C	10	
15	컵 상변 붙이기	레이스 낮은곳에서 2mm 안쪽에 맞추어 먹힘없이.			N-W	3/20	
16		오바선 눌러가며 땀벌어짐없이.실조시 풀어맞추어당김없이					
17	컵 두루기	속, 겉 솔기 맞추어 먹힘없이 편안하게			C	10	
18	속사이드심에 어깨끈 붙이기	위치 맞추어 시접 덧대 원딩끝 감싸 폭만큼.	10		C	3/28	
19	동 간도매	어깨끈 끝 감싸 폭만큼			C	1.5/28	
20	컵에 속 사이드징 시침	시루시 위치 맞추어 먹힘없이. 좌, 우 대칭되게			C	8	
21	앞판 레이스 중심 붙이기	시접 엄수. 양끝 맞추어 도매주어 먹힘없이.	5		N	14	
22	동 상침	시접 갈라 양끝 도매주어 상침폭 일정하게			N	12	
23	앞판에 옆판 붙이기	시접 엄수. 양끝 맞추어 도매주어 먹힘없이.	5		N	14	
24		옆판 하변에 /mm 시접 남겨 맞추어 앞판 하변 레이스 접어넣어					
25	동 상침	시접 갈라 양끝 도매주어 상침폭 일정하게			N	12	
26	동 앞판징 시침	레이스 낮은곡에 싱끝 맞추어 둘레 먹힘없이			C	8	
27	앞판 상변 상침	시접 엄수하여 바이어스 겉으로 보이지 않게	5		N	12	TR26-18mm(종선)
28	옆판에 날개 달기	시접 엄수. 양끝 맞추어 도매주어 먹힘없이.	7		N	10	
29	동 상침	옆판위 상침. 양끝 도매주어 상침폭 일정하게.			N	12	R9-7770G, 5mm 플라스틴봉
30		동시에 "본" 넣어					
31	동 간도매	몸바이어스 하변에 폭만큼			C	1.5/28	
32	하변 테프치기	날개 시접 일정하게 꺾어 늘어나거나 먹힘없이 규격 엄수	7		N	7/10	B10-5185(75A-80A/70B-75B)
33		앞판 테프 5mm 잡아 주어 완성후 들뜨지 않게					B13-5185(85A/80B-85B)
34		동시에 "본" 박히게					
35	컵 달기	시접 엄수. 양끝 맞추어 먹힘없이. 좌, 우 대칭되게	7		C	10	
36	어깨끈에 고리끈 시침	8자 고리에 고리끈 끼워 어긋남 없이			C	10	E.C.184581-15E, S13-5112
37	상변 테프치기	시접 엄수. 하변과 바란스 맞추어 늘어나거나 먹힘없이	5		N	3/20	B10-5185(75A-80A/70B-75B)
38		컵 옆상변 테프 5mm 잡아 주어 완성후 들뜨지 않게					B13-5185(85A/80B-85B)
39		동 시루시에 고리끈 넣어.					
40	동 재벌	테프 꺾어 밀려 꼬임없이 간격 일정하게.			N	3/20	
41		본바이어스 양끝에 도매주어 본규격 만큼 건너띄어					
42	컵둘레 상침	앞판위 상침. 양끝 도매주어 먹힘없이 규격 엄수			C	12	71-10APF
43	와이어 넣기	전, 후 구분 잘하여					
44	동 간도매	전, 후 1mm 안으로 바이어스 폭만큼			C	1.5/42	

작 업 지 시 서

결재	디자이너	팀 장

브랜드명 : ER

품 명	BP-01	SEASON	S/S
STYLE	삼각	SIZE	85-95

Design

	규격표 (cm)							
	항목 \ SIZE	85	90	95				허용 치수
a	허리둘레	25*2	26*2	27*2				±0.5
	늘임치수	51*2	53*2	55*2				±1
b	다리둘레	22*2	23*2	24*2				±0.5
	늘임치수	39*2	41*2	43*2				±1
c	앞중심길이	11.5	12.5	13.5				±0.5
d	뒷중심길이	17	18	19				±0.5
e	옆길이	4.5	5	5.5				±0.3
f	크러치 길이	11.5	11.5	11.5				±0.3
g	크러치 폭	6.3	6.3	6.8				±0.3

원부자재명		
폴리선염스트라이프(텍스컴)		Cup,중심,날개
40's 평면 실켓	30"더블	솟 크러치
파콧밴드(한강HK-082)	10mm	허리둘레,다리둘레

포장방법

* 1매입 포리백

품질표시(치수 및 혼용율)						
호칭	85	90	95			
신체치수	85	90	95			
혼용율						

비 고

* 재단전 봉제 견복 1매 디자인실 CONFLRM 받은 후 작업에 임하시오.

세탁방법

봉제지도서

개발실	담 당	팀 장	부서장

품질관리	팀장

작성일자	브랜드명	품목	생산품목	디자이너	색 상	공장도가	소비자가
2006. 05. 01	ER	MD01	MD01		GY	7,080	11,800

구분 \ 호칭		095	100	105					오차
*	총기장	27.	28.	29.					1
A	허리폭	33.	35.	37.					1
B	옆기장	21.5	22.5	23.5					0.5
C	앞밑기장	24.	25.	26					0.5
D	다리통폭	20.5	21.5	22.5					0.5
L	밑폭	16.	17.	18.					0.5

제품스타일

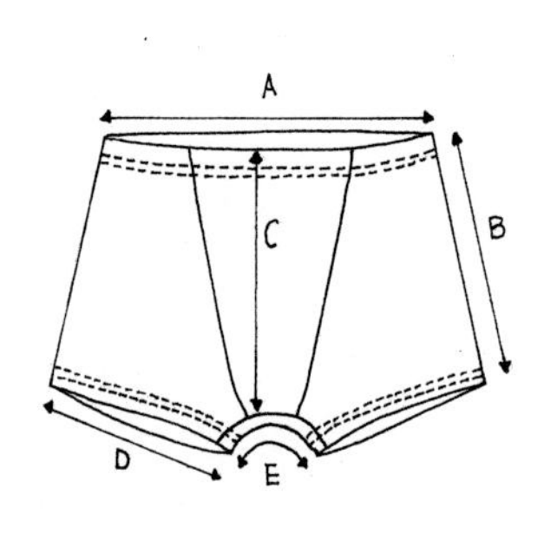

순번	봉제 공정	봉제기공	시 접		땀수	침호수	재봉사			주의사항
							바늘실	밑실	옆실	
1	입박음	오바2본	2	4.5	13	9	P	W	W	
2	앞+옆단 봉합	오바2본	2	4.5	13	9	P	W	W	봉제선이 보이지 않도록 감싸 봉침
3	입봉합	오바2본	2	4.5	13	9	P	W	W	
4	밑봉합 누르기	편3본(가침제외)	2.8		13	9	P	W		뒷판쪽에서 누르기 살사
5	옆선 봉합	오바2본	2	4.5	13	9	P	W	W	
6	다리통 누르기	평3본(중침제외)	5.6		13	9	P	P		완성폭20m/m 평3본 중침빼고 사몽누르기
7	허리밴드 봉합				13	9	P	P		
8	허리밴드 부착	오바1본		4	13	9	P	W	W	
9	허리밴드 누르기	평3본(중침제외)	5.6		13	9	P	W		
10	장식라벨 부착	본봉			13	9	P	P		
11	맺음	본봉			13	9	P	P		

주의사항

1. 25M/M 우직밴드
2. 세탁라벨:17X35M/M
3. 장식라벨:10X54(40)M/M

봉 제 지 도 서

개발실	담 당	팀 장	부 서 장

품질관리	팀 장

작성일자	브랜드명	품목	생산품목	디자이너	색 상	공장도가	소비자가
2006. 05. 01	ER	Mp02	MP02		WH		

구분	호칭	095	100	105					오차
A	총기장	30	32	34					1.0
B	허리늘림폭	51	54	56					1.0
B	허리폭	32	34	36					1.0
B	앞허리폭								1.0
B	뒷허리폭								1.0
B	앞판폭								1.0
B	언밴드스트링								1.0
B	뒷판								1.0
C	옆기장	6	7	8					0.5
C	자수위치								0.5
C	자수위치								0.5
D	다리늘임폭	40	43	46					3.0
D	다리통폭	25	26.5	28					3.0
F	밑폭	10	10.5	11					3.0
F	자수위치								3.0
F	자수위치A								3.0
F	자수위치B								3.0
F	우측허리길이								3.0
F									
F									
F									
F									
F									

제품스타일

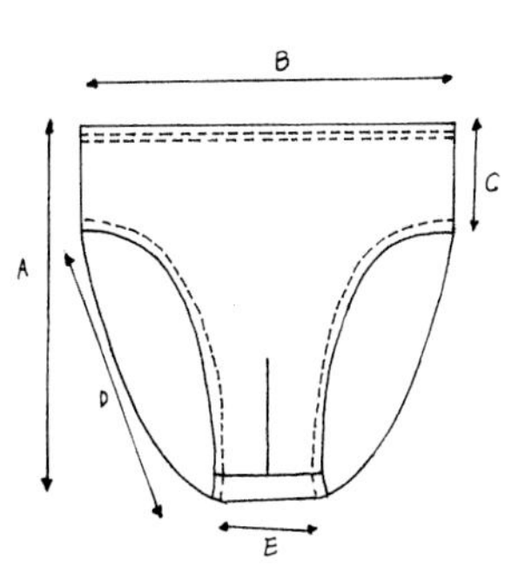

주의사항

순번	봉제 공정	봉제기공	시 접		땀수	침호수	재봉사			주의사항
							바늘실	밑실	옆실	
1	속단 갓치기	오바1본(속단)		4	13	9	P	P	P	
2		오바2본	2	4.5	13	9	P	W	W	
3	밑봉제	오바2본	2	4.5	13	9	P	W	W	
4	옆선 봉제	오바2본	2	4.5	13	9	P	W	W	
5	다리통 밴드 부착	오바1본		4	13	9	P	W	W	
6	다리 말아 박기	편3본(중침제외)	5.6		13	9	P	W		
7	허리 밴드 봉합	본봉			13	9	P	P		
8	허리 밴드 부착	오바1본		4	13	9	P	W	W	
9	허리말아박기	편3본(중침제외)	5.6		13	9	P	W		
10										
11										

SAMPLE 지시서

결재	디자이너	팀 장

브랜드명 : ER

품 명	BR-#01	SEASON	S/S
STYLE	WING 바디슈츠	SIZE	B70M~B80L B75M~B85L

규 격 표 (cm)

항목 \ SIZE	B70M	B75M	B80L	B85L			
앞길이	48.3	48.7	50.1	50.5			
뒷길이 패턴	34.7	34.6	35.6	35.5			
완성	32.7	32.6	33.6	33.5			
패턴	43	44	47	48			
완성	42	43	46	47			
허리	52	55	60	63			
힙							
컵상하							

Design

리바나로레이스
갈라서 합봉
스칼랩스티치
원스티치
보리스티치
스트레치 테이프 부착
13~36k(90,94)
스트레치테이프
컵 ┌ 겉 : TAS-56880
├ 안 (아쿠치오싱글)
└ 상컵 : 7413(레이스)
갈라서 합봉
봉제┌겉 : AP-85230
(강연트리코네트)
└안 : 60 200(파워넷)
크러치 ┌ 겉 : AP-85230
(강연트리코네트)
└ 안 : KTB-1286D
(면트리코네트)
그리빠

뒷중심
(3~303, 스트레치
테이프)
주름분량 2cm
쓰리스티치
밑단 :
주름 분량 1.0cm

원 부 자 재 명

주자재	미싱종류
	○ ⊖($\frac{1}{8}$, $\frac{3}{16}$) Ⓦ ₩ ⊘
	AP – 85230 강연 토리코네트
	60200 파워넷
	KTS – 1286 D 면 토리코트
	TAS – 56880 아쿠치오 싱글
	7413 세중 T/C 레이스
	재단모음
	13-91 스트레치테잎 (별타부용 3.5㎝ × 2)
가공부품자재	13-36 K1 (90, 94)Q
	I – 2 캐미칼
	2620 그립빠
	스트라이프 컷트 치수
	B70, 75 B80, 85
	90㎝ 94㎝
부자재	10 – 509 C 스트레치테잎
	13 – 509 C 스트레치테잎
	13 – 303 스트레치테잎
	19m/m C 바이어스
	1307 리바나로레이스
재봉사	R50 R60 S60 W300 고무사
	울사

DESIGN 설명

기 타

라벨	태그		
WING			

봉 제 지 도 서

결재	담 당	부 서 장

품 번 : BT #02 SIZE :75A-90A/75B-85B 2006년 5월 1일

NO	공 정	주 의 사 항	시접	기종	봉사	침목	비 고
1	다리 둘레 테프치기	시접 엄수. 늘어나거나 먹힘 없이 규격 엄수	5		N	3/20	B10-5185
2		동시에 시루시 사이에 2.5CM 주름 넣어 규격 엄수					
3	동 재벌	테프 밀려 꼬임없이 간격 일정하게			N	3/20	
4	뒤 고리끈 달기	위치 맞추어 시접 덧대 레이스 끝 감싸 폭만큼			C	3/28	s13-5112
5	동 간도매	고리끈 꺾어 완성폭 3mm 맞추어 폭만큼			C	1.5/28	
6	앞 고리끈 달기	위치 맞추어 시접 덧대 레이스 끝 감싸 폭만큼			C	3/28	s13-5112
7	동 간도매	고리끈 꺾어 완성폭 3mm 맞추어 폭만큼			C	1.5/22	
8	글리퍼 달기	폭과 폭 맞추어 앞쪽 그리퍼 5mm 컷팅	6		C	5/25	글리퍼
9	동 간도매	양끝 도매주어 실 뭉치거나 풀리지 않게			C	3/30	
10	악세사리 달기	앞판 상변 중심에			C	5회	011931C(와인색상)
11	어깨끈 끼우기	Z 고리 방향 맞추어					V2001/12 벨벳 어깨끈
12							
13							
14							
15							
16							
17							
18							
19							
20							

제품 규격(단위 : CM)

장소 \ 사이즈	75A	80A	85A	90A	75B	80B	85B	
컵 둘레	21.6	22.8	24.0	25.2	22.8	24.0	25.2	(순수여유 1.2+0.2cm)
컵상변	13.9	14.7	15.6	16.4	15.1	15.9	16.8	
전장	40.8	41.8	42.8	43.8	41.1	42.1	43.1	
후장	38.8	39.7	40.6	41.4	38.8	39.7	40.6	형지
다리	37.3	38.2	39.1	39.9	37.3	38.2	39.1	완성 (주름 1.5cm)
	43.5	45.8	48.1	50.4	43.5	45.8	48.1	형지
	41.0	43.3	45.6	47.9	41.0	43.3	45.6	완성 (주름 2.5cm)
옆상변	21.0	22.7	24.2	25.7	21.8	23.3	24.9	
어깨끈	33*2	33*2	35*2	35*2	33*2	33*2	35*2	
뒤 U자	19.5	19.5	19.5	19.5	20	20	20	(완성규격)

STYLE

NO	공 정	주 의 사 항	시접	기종	봉사	침목	비 고
1	컵에 손 시루시	참조 (다트, 앞판 위치 지루시)					
2	컵레이스 다트 붙이기	시접 엄수. 시루시 맞추어 다트끝 둘레 뾰족하지 않게	5		C	10	
3	속심 다트 붙이기	시접 엄수. 시루시 맞추어 다트끝 둘레 뾰족하지 않게	5		C	10	
4	컵 다트 붙이기(주머니 봉제)	시접 엄수. 시루시 맞추어 다트끝 둘레 뾰족하지 않게	5		C	10	
5		시접 바깥 쪽으로 향하게 맞추어. (견본 참조)					
6	동 상침	시접 바깥쪽으로 꺾어 양끝 도메주어 먹힘없이.			C	12	
7	컵 두루기	레이스 낮은곡에 맞추어 둘레 먹힘없이			C	10	
8	컵상변 테프치기	레이스 낮은곡에 맞추어 테프 일정하게 덧대 규격 엄수			N-W	4/20	B6 272N
9		실조시 풀어 맞추어 당김 없이. 올사가 피부쪽으로 향하게					
10	앞판에 앞몸판심 시침	시루시 위치 맞추어 돌레 먹힘 없이			C	8	
11	동 스뎃지 상침	징 2mm 안쪽에 땀 벌어짐 없이			N-W	5/10	
12		실조시 풀어 맞추어 당김없이					
13	동 앞판에 레이스심 시침	앞판하여 겹치는 시접 엄수. 죄, 우 대칭되게	20		C	8	
14	동 앞판 TR심 시침	둘레 맞추어 먹힘없이			C	8	
15	앞판에 사이드 레이스 시침	위치 맞추어 둘레 먹힘없이. 좌, 우 대칭되게			C	8	
16	동 지두리 상침	레이스 굴곡따라 땀 떨어짐 없이			N-W	2/20	
17		실조시 풀어 맞추어 당김없이.					
18	앞판 레이스 중심 붙이기	2mm 컷트. 앞끝 레이스 기점 맞추어 먹힘없이. 좌, 우 대칭되게			N-W	5/15	
19	동 앞판에 앞판 레이스 시침	위치 맞추어 둘레 먹힘없이. 좌, 우 대칭되게			C	8	
20	동 지도리 상침	레이스 굴곡따가 땀 떨어짐 없이			N-W	2/20	
21		실조시 풀어 맞추어 당김없이					
22	앞판 상변 상침	시접 일정하게 꺾어 바이어스 겉으로 보이지 않게	5		N	12	TR26-18mm (종선)
23	앞판에 뒷판 붙이기	2mm 컷트. 양끝 맞추어 먹힘없이	7		N-W	5/15	
24	컵 달기	시접 엄수. 양끝 맞추어 도매주어 먹힘없이. 좌,우 대칭되게	7		C	10	
25		형지 참조하여 앞판 위지 맞추어					
26	옆상변 테프치기	시접 엄수. 늘어나거나 막힘없이 규격 엄수	5		N	3/20	B10-5185
27		컵 옆상변 테프 5mm 잡아주어 완성후 들뜨지 않게					
28	동 재벌	테프 꺾어 밀려 꼬임없이 간격 일정하게			N	3/20	싸이즈라벨
29		동시에 시작 후 뒷판에 라벨 넣어.					
30	후중심 붙이기	2mm 컷트. 양끝 맞추어 동시에 테프 끼워 넣어 먹힘없이	7		N-W	5/15	B-6-272N
31		동 시루시 사이에 1.5cm 주름 고르게 넣어 규격 엄수.					
32		실조시 풀어 맞추어 당김없이					
33	뒤상변 테프치기	시접 엄수. 늘어나거나 먹힘없이 규격 엄수	5		N	3/20	B10-5185
34		동 테프 6mm 잡아 주어 완성 후 들뜨지 않게					
35	동 재벌	테프 꺾어 벌려 꼬임없이 간격 일정하게			N	3/20	
36	컵둘레 상침	컵위 상침 양끝 도매주어 먹힘없이 규격 엄수			C	12	71-10APF
37	와이어 넣기	전, 후 구분하여					
38	동 간도매	전 후 1mm 안쪽에 바이어스 폭만큼			C	1.5/42	
39	속, 겉마찌 둘레 시침	둘레 맞추어 먹힘없이			C	8	
40	뒷마찌 붙이기	몸판을 위로하여 중심 돌아감없이 겹치는 시접 엄수	8		N-W	3/15	
41		실조시 풀어 맞추어 당김없이					
42	동 허리 상침	원단끝 일정하게 감싸 실조시 풀어 맞추어 당김없이			C-W	5/16	

봉 제 지 도 서

결재	담 당	부 서 장

품 번 : GR #01 SIZE : 64-98 2006년 5월 1일

NO	공 정	주 의 사 항	시접	기종	봉사	침목	비 고
1	뒷마찌 붙이기	뒷판 위로하여 중심 맞추어 돌아감없이 겹치는 시접 엄수	8	N-W	3/15		
2		실조시 풀어 맞추어 당김없이					
3	동 허리 상침	원단끝 일정하게 감싸 실조시 풀어 맞추어 당김없이		N-W	5/18		
4	동 간도매	허리실 집어넣어 폭만큼		C	1.5/28		
5							
6							
7							
8							
9							
10							
11							
12							
13							
14							
15							
16							
17							
18							
19							
20							

제품 규격(단위 : CM)

사이즈 / 장소	64	70	76	82	90	98		
허리	55.0	59.0	63.0	67.0	71.0	75.0		
전장	22.5	23.5	24.5	25.5	26.5	27.5		
후장	23.0	24.0	25.0	26.0	27.0	28.0		
다리	37.2	38.9	40.6	42.3	44.0	45.7		

STYLE

NO	공 정	주 의 사 항	시접	기종	봉사	침목	비 고
1	앞판에 싱 시침	둘레 맞추어 먹힘없이			C	8	
2	동 앞판에 레이스 시침	창좌측 레이스 위로하여 겹치는 시접 엄수. 좌,우 대칭되게			C	8	
3	동 지도리 상침	레이스 굴곡따라 땀 떨어짐없이			N-W	2/20	
4		실조시 풀어 맞추어 당김없이					
5	허리쪽에 싱 시침	허리쪽 시접 빼고 둘레 맞추어 먹힘없이			C	8	
6	앞판에 허리쪽 붙이기	허리쪽 위로하여 겹치는 시접 엄수. 좌,우 대칭되게	5		N-W	3/15	
7		실조시 풀어 맞추어 먹힘없이					
8	동 허리 상침	원단끝 일정하게 감싸 실조시 풀어 맞추어 당김없이			N-W	4/16	
9	동 도매	허리실 풀리지 않게 폭만큼			C	12	
10	앞허리 반으로 접어 시침	접는 위치 맞추어 둘레 먹힘없이			C	8	
11	앞판에 앞허리 붙이기	앞허리 원단 위로하여 중심 돌아감 없이 겹치는 시접 엄수	5		N-W	3/15	
12		허리쪽 상변에 5mm 시접 남겨. 실조시 풀어 맞추어 먹힘없이					
13	동 허리 상침	원단끝 일정하게 감싸 실조시 풀어 맞추어 당김없이			N-W	4/16	
14		앞중심 각진곳 중심각 살려					
15	동 간도매	중심 각진곳 허리 상침선에 맞추어 폭만큼			C	1.5/28	
16	몸판에 힙업싱 시침	허리쪽 시접 빼고 시루시 맞추어 둘레 먹힘없이			C	8	
17	동 스뎃치 상침	징 2mm 안쪽에 땀 떨어짐없이			N	5/10	
18		실조시 풀어 맞추어 먹힘없이					
19	앞판에 몸판 붙이기	몸판 위로하여 겹치는 시접 엄수. 좌,우 대칭되게	5		N-W	3/15	
20		실조시 풀어 맞추어 당김없이					
21	동 허리 상침	원단끝 일정하게 감싸 실조시 풀어 맞추어 당김없이			N-W	4/16	
22	동 도매	허리실 풀리지 않게 폭만큼			C	12	
23	뒷판에 징 시침	허리쪽 시접 빼고 시루시 맞추어 둘레 먹힘없이			C	8	
24	동 스뎃치 상침	징 2mm 안쪽에 땀 떨어짐없이			N	5/10	
25		실조시 풀어 맞추어 당김없이					
26	몸판에 뒷판 붙이기	시접엄수. 양끝 맞추어 도매주어 먹힘없이	5		N-CR	12	
27	동 스뎃치 상침	시접 갈라 양끝 도매주어 상침폭 일정하게			N	6/10	
28		실조시 풀어 맞추어 당김없이					
29	다리 둘레 레이스 시침	레이스 낮은곳에서 5mm 안쪽에 원단끝 맞추어 먹힘없이			C	8	
30	동 지도리 상침	레이스 굴곡따라 땀 떨어짐 없이			N-W	2/20	
31		실조시 풀어 맞추어 먹힘없이					
32	앞미찌 붙이기	마찌 위로하여 중심 맞추어 돌아감 없이 겹치는 시접 엄수	6		N-W	3/15	
33		실조시 풀어 맞추어 당김없이.					
34	동 허리 상침	원단끝 일정하게 감싸 실조시 풀어 맞추어 당김없이			N-W	5/16	
35	동 도매	허리실 풀리지 않게 폭만큼			C	12	
36	후중심 붙이기	시접엄수 양끝 맞추어 도매주어 막힘없이	5		N-CR	12	
37	동 스뎃치 상침	시접 갈라 테프 덧대 양끝 도매주어 상침폭 일정하게			N	7/10	B10-272N
38		실조시 풀어 맞추어 당김없이					
39	허리 둘레 테프치기	시접 업수 늘어나거나 먹힘없이 싸이즈별 규격 엄수	5		N	3/20	B13-5185
40		테프 피콧이 안쪽으로 향하게 맞추어					
41	동 재벌	테프 꺾어 밀려 꼬임없이 간격 일정하게			N	3/20	싸이즈라벨
42		동 후중심에 라벨 넣기					

Inner wear Design 06

속옷착용 방법

1. 속옷 사이즈 측정법
2. 아이템별 착용 방법

속옷 착용 방법

1. 속옷 사이즈 측정법

속옷을 선택하기 전에 가장 중요한 것은 자신의 사이즈를 정확하게 파악하는 일이므로 다음과 같이 기본 사이즈를 정확히 측정하는 것이 필요하다.

■ 계측 자세

측정할 때 겉옷은 모두 벗고 슬립차림으로 머리는 깔끔하게 정리하고 눈은 정면을 향하고, 허리는 곧게 편다.

■ 윗둘레 가슴

① 가슴이 처지지 않은 경우에는 줄자로 가슴을 누르지 않은 상태에서 유두점을 지나 수평으로 잰다.

② 가슴이 처진 경우에는 밑가슴이 시작하는 곳에 양손바닥을 펴서 가슴을 살짝 받친 상태로 유두점을 지나 수평으로 잰다. 이때 너무 세게 가슴을 받치면 정확한 사이즈가 나올 수 없다.

③ 가슴을 받치는 자세로 정면을 바라본다. 이 상태의 모습이 가장 아름다운 가슴의 모습인지 확인하고 줄자가 유두를 지나도록 하여 수평으로 잰다.

■ 밑둘레가슴

① 가슴을 완전히 감싸 올리고 가슴이 시작되는 곳에 줄자를 두른다.

② 줄자를 수평으로 돌렸으면, 감싸올렸던 가슴을 내려놓고 팔은 차렷 자세를 취한 다음 숨을 내신 후 편안한 자세에서 밑가슴 부위를 수평으로 잰다

■ 허리둘레

① 이상적인 체형을 가진 사람의 정상적인 허리위치는 팔꿈치 안쪽 두드러진 뼈와 만나는 선이다.

② 차렷 자세에서 팔꿈치 안쪽 뼈와 허리에서 가장 가는 부분이 일치하면 그 부분을 숨을 내쉰 후 수평으로 재면된다.

③ 이때 너무 꼭 조여 재거나 너무 느슨하게 재지 않도록 주의하며, 숨을 내쉰 후 편안한 자세에서 잰다.

■ 배둘레

① 배둘레는 앞면에서보다 옆면에서 재는 것이 더 정확하다.

② 옆에서 보아 배 부위에서 가장 두드러지게 나온 부분을 수평으로 잰다.

③ 이때 배의 가장 두드러진 부분을 찾기 어려우면 골반뼈의 가장 위쪽 두드러진 부분을 수평으로 돌려 재면 쉽고 정확하게 잴 수 있다. 주의할 것은 배둘레가 볼록할 경우 줄자가 미끄러져 쳐지므로 줄자를 살짝 손가락으로 누른 후 수평이 되게 돌려잰다

■ 엉덩이 둘레

① 엉덩이 둘레도 역시 옆면에서 재는 것이 명확하다.

② 옆면에서 보아 엉덩이 부분에서 가장 두드러지게 나온 부분에 줄자를 돌려 수평으로 잰다,

③ 배가 많이 나온 경우에 배 부분에 플라스틱자 같은 것을 대고 엉덩이 둘레를 재서 여유분을 더해준다.

■ 넓적다리

① 넓적다리 둘레는 정면에서 보아 허벅지의 가장 두드러진 부분을 수평으로 잰다.

② 양쪽 허벅지를 모두 재며, 가장 두드러진 부분을 찾기 어려우면 2~3 군데 재서 가장 큰 치수를 선택한다.

2. 아이템별 착용 방법

(1) 브래지어

브래지어의 올바른 착용은 매우 중요하다. 아무리 자신에게 잘 맞는 브래지어를 선택했다 하더라도 입은 상태가 올바르지 않으면 가슴의 볼륨을 만들어야 할 지방이 겨드랑이, 밑가슴 등으로 이동하여 불균형한 몸매를 만드는 원인이 되어 그 브래지어가 지닌 기능성을 잘 발휘하지 못하기 때문이다. 잘못된 착용이 인체 라인의 불균형한 변형을 가져올 수 있는 것이다.

브래지어의 선택 시에는 브라의 중심과 몸의 중심이 꼭 맞는지, 가슴둘레가 너무 조이거나 느슨하지 않은지, 컵이 남거나 너무 가슴을 누르지 않는가, 유두의 위치가 컵의 중앙에 정확하게 오는가, 어깨 끈이 적절한 길이로 조절되는지 등의 상태를 고려해야 한다.

① 제일 먼저 Hook & Eye를 꽂고 컵 부분을 앞으로 돌린다.

② 어깨끈에 팔을 넣어 양어깨에 걸쳐 올린 후에 브래지어의 언더바스트 부분을 들고 상반신을 앞으로 45도 정도 구부린 뒤 가슴을 브래지어의 컵안으로 잘 넣는다. 이 때 선채로 착용하면 가슴이 내려간 상태로 입게 되어 형태가 나쁘게 변한다.

③ 숙인자세에서 브래지어의 언더바스트 부분이 바닥과 평행하도록 하고 호크의 위치는 견갑골의 바로 아래에 오도록 한다.

④ 상체를 일으켜 브래지어의 컵의 밑면을 들고 손으로 컵밖으로 삐져나간 뒤쪽의 겨드랑이 살을 모아서 컵안에 밀어 넣는다.

⑤ 브래지어를 겨드랑이 밑으로 들고 다른 한쪽으로는 브래지어의 컵이 가슴의 모양에 맞도록 조정하며 유두위치가 컵의 제 위치에 와 있도록 조정한다.

⑥ 끈을 뒤에서 밀듯이 앞으로 잡아당겨 가슴이 눌리지 않도록 하고 이때 알맞게 끈의 길이를 조정한다.

⑦ 팔을 올렸다 내렸다 해서 언더가 움직이지 않는지 확인하고 거울 앞에 서서 마지막으로 확인한다.

(2) 팬티

팬티는 거들처럼 힙을 올려주고 허리를 가늘게 해주는 기능을 하는 다른 파운데이션과는 달리 위생과 밀접한 것으로 밑 부분은 반드시 면으로 되어 있어야 하고 임파선이 눌리지 않아야 피부가 검게 변하는 일도 없다. 특히 비키니나 꽉 조이는 팬티는 자궁을 압박하여 냉증을 유발할 수도 있으며 힙의 지방을 분산시켜 힙이 밋밋해지고 허벅지가 굵어지는 등 인체의 중요라인을 무너트리므로 색과 무늬가 예쁜 디자인의 선택에 앞서 이런 점을 고려해보는 것이 좋다. 따라서 힙을 다 감싸서 밖으로 지방이 빠져 나오지 않으며, 가장자리도 부드럽게 처리되어 겉옷과의 경계가 생기지 않아야 하며 허리 윗부분까지 허리부분이 올라와서 허리에도 지방이 접힌 자국이 나지 않아야 한다. 정상적인 사람의 허리위치는 팔꿈치 안쪽 두드러진 뼈와 만나는 선이므로 차렷 자세에서 팔꿈치 안쪽 뼈와 허리에서 가장 가는 부분이 일치하면 그 부분, 숨을 내쉰 뒤 수평으로 재면 되며 이때 너무 조이거나 느슨하지 않게 주의하며 숨을 내쉰 자세에서 편안하게 재도록 한다.

좋은 팬티는 신축성이 좋은 면으로 된 뒷부분이 깊고 허리를 손으로 넓혀 위에서 내려다 보아 둥글게 입체감이 보이는 것이 좋다.

① 앞뒤의 여유를 가지고 팬티를 허리까지 올려서 입는다.

② 앞부분을 높이 올려 사타구니가 드러나도록 한다. (임파선이 있어서 눌리면 다리 부종 등의 부작용이 있다.)

③ 팬티의 끝부분을 아래로 당겨 힙이 충분히 감싸지고 허벅지로 지방이 쳐지거나 빠져나오지 않게 하고 힙과 허벅지의 확실한 경계가 되도록 한다.

(3) 거들

팬티의 기초위에 하반신의 아름다운 라인을 잡아주는 거들은 연령의 증가에 따라 변화되는 신체 하반신의 피하지방층을 막기 위해 착용하는 것이다. 착용 시 보정 효과가 뛰어나지만 선택할 때는 장시간 착용에도 무리가 없는 편안한 것으로 해야 한다.

거들을 선택할 때에 중요한 것은 살의 탄력정도로 살에 탄력이 없는 경우에는 사이즈가 너무 딱 맞으면 허리나 엉덩이 둘레로 살이 빠져 나오기 때문에 입을 때 주의할 점은 허리선의 살이 빠져 나오지는 않는지, 엉덩이부분이 너무 조여 볼륨을 망치지는 않는지, 엉덩이는 잘 감싸졌는지, 다리부분은 잘 맞는지 등의 상태를 잘 고려해야 한다.

① 우선 임파선 부분이 파손되기 쉬우므로 허리부분을 두 세 번 말아 다리를 굽히지 않고 앞, 뒤를 조금씩 번갈아 치켜 올리면서 거들을 허리까지 끌어올려 복부를 한번 충분히 감싸줄 수 있게 입는다.

② 아래쪽의 파워네트까지 손을 넣어 힙 포인트 넓이로 거들을 힘 있게 잡아 한 번에 끌어올려 허리 위까지 정리한다.

③ 앞 부분도 클러치 부분까지 손을 넣어 힘 있게 잡아서 허리 위까지 끌어올 린다.

④ 입은 후 안으로 손을 엉덩이 밑의 살을 쥐고 허벅지의 처진 지방을 힙으로 모아주기 위해 거들의 힙라인에 맞추어 힙을 올려 양쪽 다 고정시킨다.

⑤ 전체적인 착용을 정리한다.

(4) 올인원

올인원은 풍만한 가슴과 잘룩한 허리, 탄력 있는 볼록한 힙 등 신체의 주요 라인을 잡아주는 기능을 갖는 속옷으로 다른 속옷과 달리 한 벌로 브라와 거들, 니퍼의 기능을 함께 할 수 있는 장점을 가지고 있다. 그러나 한 벌로 전신을 감싸기 때문에 가슴과 허리, 힙까지 모두 만족시키는 사이즈를 찾기가 쉽지 않다. 올인원 구입 시에는 자신의 사이즈를 정확히 측정한 후 자신에게 맞는 사이즈의 제품을 구입하는 것이 중요하다.

올인원의 뒷부분이 지나치게 많이 파인 디자인의 경우에는 허리선은 날씬해지지만 지방이 등과 팔로 이동할 수 있으므로 주의해야 하며 올인원의 사이즈가 큰 경우에는 일반적인 사이즈보다 한 사이즈 위로 올려 착용하는 것이 좋고 신장이 남는 경우에는 남는 부분만큼 허리 부분에 접어두면 허리선을 한번 만들어 줄 수 있으므로 좋은 착용법이 된다. 착용 시 주의할 점은 전체적으로 균형 있게 잘 맞는지, 길이가 적절한지, 올인원의 앞 중심이 인체중심과 일치하는지, 컵이 남거나 너무 가슴을 누르지 않는지, 엉덩이는 잘 감싸졌는지, 다리 둘레는 잘 맞는지 등의 상태를 확인해야 한다.

① 올인원의 밑 부분을 떼고 밖으로 원단을 반 정도 접어 천천히 허리까지 당겨 입는다.
② 상체를 앞으로 약간 숙인 상태에서 컵 속에 가슴을 쓸어 넣고 와이어 위치를 확인한 후 어깨끈을 조절한다.
③ 어깨끈을 잘 걸친 후 등 쪽이 겨드랑이까지 충분히 올라오도록 엄지손가락을 넣어 끌어올리고 등과 겨드랑이의 지방을 깨끗이 정돈한다.
④ 힙이 완전히 감싸지도록 크로치 뒷 부분을 앞으로 끌어당겨 앞뒤의 크로치를 잠근다.
⑤ 길이에 여분이 생겨 주름이 생길 경우 컵 아래쪽에서 길이의 여분을 접어 정리한다.

(5) 웨이스트 니퍼

웨이스트 니퍼는 파워 네트와 스틸 본을 이용하여 허리의 지방을 강하게 지지해서 허리를 날씬하게 해 줄 뿐 아니라 척추의 든든한 받침대 역할을 하여 자세교정에 도움을 준다. 웨이스트 니퍼는 아랫배의 지방을 관리하지는 못하지만 일주일에 2-3일 정도 허리를 가늘게 하는 목적으로 착용하면 충분한 효과가 있다. 그리고 거들 안에 웨이스트 니퍼를 넣어 입으면 아랫배에 지방이 밀려나오는 부작용을 막을 수 있다.

웨이스트 니퍼를 무엇보다도 꾸준히 입는 것이 중요하며 지나치게 작은 사이즈의 니퍼를 착용했을 때에는 지방이 위와 아래로 이동하게 된다는 점에 유의하여야 하며 입을 때 주의할 점은 니퍼의 아래, 위로 살이 빠져나오지, 허리선의 위치가 정확한지, 허리나 배 부분이 너무 조이지 않는지 살펴야 한다.

① 웨이스트 니퍼의 Hook & Eye를 앞쪽으로 놓고 위에서부터 아래로 채워 내려간다.
② Hook&Eye를 채운 뒤 웨이스트 니퍼를 반으로 접어 뒤로 돌려 앞쪽을 맞춘다.
③ 웨이스트 니퍼의 가장 윗 부분이 브래지어의 와이어에 닿지 않게 위치시키고 등 부분이 앞쪽보다 위로 올라가게 하여 브래지어와의 사이가 벌어지지 않도록 잘 맞춘다.
④ 브래지어의 컵 아랫부분에 위를 맞추고 윗배와 허리선을 가늘게 정리한다.

Inner wear Design

07

속옷의 소재

1. 속옷의 일반소재
2. 속옷의 신소재
3. 웰빙 개념의 건강 속옷
4. 그 밖의 신소재들

속옷의 소재

최초의 속옷소재는 동물가죽이었으며 그 이후에는 직물로 바뀌었다. 고대에는 마와 양모가 주로 쓰였으며, 견도 사용하다가 16세기에 물세탁이 가능한 린넨을 사용하였고 빅토리아 왕조시대에는 린넨이란 단어 자체가 신사의 속옷과 동의어로 사용되었으며, 면은 린넨보다 열등한 위치에 있었지만 1660년대 이후부터는 일반화되기 시작했다. 중세부터 모로 된 페티코트가 나타났지만 남성의 경우에는 18세기 말엽까지도 모로 된 속옷 착용을 꺼렸다. 그러나 16세기부터는 남성도 모로 된 웨이스트코트를 보온을 위해 착용하기도 하였으며 중세에는 가죽이 이용되기도 했다. 빅토리아 왕조 말경까지 견(絹)은 상류층에서만 사용되었다

19세기에 들어서면서 주로 면직물이 사용되다가 말기에는 몸에 타이트하게 붙는 메리야스가 등장하였고 그 후 나일론 발명이후에 인조섬유의 견고하면서 얇고 다림질이 필요 없는 소재들이 많이 사용되고 있으며 최근 들어서는 웰빙과 친환경주의로 인하여 천연소재가 다시 부각되고 있으며 천연의 감촉이나 성능을 가미하는 방향의 소재개발이 이루어지고 있다.

1. 속옷의 일반소재

일반적으로 속옷의 소재로는 린넨(linen)이 가장 오랫동안 사용되어 왔으며 현대에는 패션의 테마가 디자인의 스타일과 색에서 소재로 이동되고 있는 추세에 따라 속옷의 경우에도 패션성과 기능성과 상품력 증대의 중요한 중요 요소로서 소재가 부각되고 있다. 따라서 보온성을 필요로 하는 내의의 경우에도 얇고 부드러우며 활동에 편안한 신축성 있는 제품을 선호하고 있다.

속옷에 사용된 섬유로는 주로 면, 스판덱스, 나일론, 실크, 폴리에스테르 등이고 직물로는 C.D.C.(Crepe De chine) 샤므즈, 시폰, 사틴(주자직) 등이 많이 이용되고 있다.

런닝이나 팬티의 소재는 면이 가장 많으며 그 다음으로는 폴리에스테르, 폴리우레탄, 나일론 등이며 화운데이션의 브래지어와 거들은 폴리에스테르가 가장 많

고 나일론, 폴리우레탄 등의 소재가 사용되었다. 잠옷은 면을 주로 사용하며 폴리에스테르, 나일론, 폴리우레탄 등이 이용되었고 슬립에는 면과 레이온 등이 많이 사용되는 것으로 나타났다.

2. 속옷의 신소재[51,52]

신소재란 없었던 새로운 소재가 아니라 기존의 소재를 방사, 가공 등 정교한 제사기술과 염직, 염가공 등 고도의 후가공 기술을 통해 천연섬유에서는 볼 수 없는 새로운 질감을 가지면서 합성섬유 고유의 기능성, 감성을 보유한 고감도 합성섬유이다. 즉 천연섬유가 갖는 불균일성을 추구하면서 천연섬유나 다른 섬유에서는 표현할 수 없었던 독자적인 감성을 갖는 소재이다. 1980년대 후반에 등장한 소재로 이전 기술의 고도화, 복잡화를 통하여 천연섬유를 능가하는 외관, 촉감 등을 갖는 새로운 질감을 만들어낸다.

속옷에 사용되는 신소재로는 야광섬유, 습한 속건성 섬유, 메틸섬유, 키토산 기능성섬유 그 밖에 몇 가지 섬유가 사용되고 있다.

(1) 신소재의 분류

1) 외관에 따른 신소재

- 실크라이크소재(Silk-like) : 실크의 질감과 광택을 살린 소재를 만들기 위하여 개발한 것으로 실크라이크는 폴리에스테르 직물로 천연섬유에 비하여 가볍고, 강하며 탄성이 우수하고 주름이 잘 잡히지 않으며, 형태안정성이 좋고 세탁 후 건조가 빠르고, 다림질이 필요 없는 것이 특징이다.

• 울크라이크(Wool-like) : 울섬유의 권축을 폴리에스테르사에 응용하여 개발한 것으로, 울의 촉감 및 외관, 탄성, 유연성, 드레이프성, 벌키성을 부여하고 합성섬유의 장점을 동시에 갖춘 소재이다.

• 레더라이크(leather-like) : 천연피혁의 대체로서 만든 것으로 스웨이드의 외관은 물론 천연스웨이드의 결점까지 해결하여 모방한 것으로 피혁의 뒷면과 같은 외관 및 촉감을 부여하기 위하여 스펀이나 필라멘트, 초극세사를 사용하여 외관과 촉감에 스웨이드의 특성을 준다. 직물을 브러싱이나 샌드워싱, 피치스킨 가공 등의 효과로 섬유가 잘라지거나 거칠어져서 짧고 부드럽고 촘촘한 솜털이 되어 진짜 스웨이드처럼 보인다.

• 피치스킨 조(peach skin) : 견의 특성과 복숭아 표면의 특성을 갖도록 한 것으로 천연섬유처럼 자연스럽고 부드러운 촉감, 따뜻한 촉감, 은은한 색조, 우아한 부피감을 갖는다.

2) 태에 관한 섬유신소재

신소재 섬유의 원래 기원은 합성섬유로 견섬유와 유사한 태를 모방한 것에서 시작된 것으로 반발탄성력(HARI), 강경도(KOSHI), 건조감각을 강조한 드라이감 또는 청량감(COOL & DRY)소재가 많다

• 유사견섬유 : 폴리에스테르의 실용적 장점과 견의 특성인 우아한 감성을 접목시킨 소재로 청량감을 강조하였다.

• 유사 소모섬유 : 소모사의 장점과 합성섬유의 편리함을 동시에 추구한 섬유로 초극세사를 사용하여 공기층이 두껍고 잔털이 잘 발달된 다층구조를 갖는 벌크성 소재로 만든 것이다.

• 촉감섬유 : 견과 유사한 섬유단면을 갖기 위해 섬유의 선단에 용해성이 큰 고분자를 쐐기모양으로 배치한 복합섬유로 직물을 만든 후 이것을 녹이면 섬유가닥마다 요철부분이 생기는데 이것에 의해 섬유의 접착과 미끄러짐에 의해 견특유의 취채소리와 비슷하게 난다.

3) 열에 관한 신소재

• 종래의 보온섬유 : 보온효과를 높이기 위하여 내부의 열이 전도, 대류, 방사에 의헤 손실되는 것을 억제하기 위하여 두꺼운 원단이나 안에 솜을 넣어 보온하거나 금속 증착막을 가진 원단을 사용하였다.

• 축열섬유 : 세라믹을 섬유 내부에 혼합 방사시켜 태양광을 흡수하여 광에너지로 전환시키고 인체에서 발생하는 원적외선의 방열을 차단시키는 2중의 축열효과를 가지며 최근에는 알류미늄에 의해 반사 보온하는 원적외선 반사 보온소재와 세라믹에 의해 보온하는 원적외선방사 보온소재가 개발되고 있으며 전기모포, 내의, 카바, 방석, 전열기, 운동복, 양말, 방한복으로 사용된다.

4) 빛에 의한 신소재

• 감온 변색섬유 : 섬유표면의 온도에 따라 색상이 변하는 섬유로 일명 카멜레온 섬유라고도 하며 주위 온도가 낮아지면 어두운 색으로 변해 열을 많이 흡수하여 따뜻하게 해주고, 기온이 높아지면 밝은 색으로 바뀌어 열을 발산하여 시원하게 해주며 자외선에 따라 무지개색이 차례대로 나타나 패션상품으로 인기가 좋다.

• 포토크로믹섬유(photochromic) : 빛에 따라 색상이 가역적으로 변하는 현상을 섬유에 도입하여 빛에 이해 소색, 발색, 변색되는 섬유가 포토크라믹 섬유

이다.

• 축광섬유 : 빛을 차단시킨 상태에서 외부의 에너지 충전 없이 8시간 동안 스스로 빛을 내는 섬유로 야간 안전복이나 유아용 캐릭터 제품 개발용으로 쓰인다.

• 자외선 차단섬유 : 자외선을 차단하여 인체에 부작용을 일으키는 것을 막는 것으로 자외선 산란제, 흡수제, 또는 이 둘을 혼합하여 자외선을 차단시키는 것으로 레저복, 운동복, 스타킹, 양산, 텐트 등에 많이 사용한다.

• 야광섬유 : 야광원사를 사용하여 최근 자연광이나 인공조명을 통해 빛을 축척해 놓고 빛이 없는 곳에서 자체 발광하는 섬유로 기존 개발된 폴리프로필렌용 축광사와 달리 강도가 우수하여 부드러워 입체자수 및 내의에 용이하다.

5) 고성능에 관한 신소재

• 아라미드(aramid)섬유 : 아미드기 사이에 방향족 고리화합물이 85%이상 함유된 폴리아미드 섬유를 말한다.

• 고강도 폴리에틸렌(polyethylene) : 고분자쇄가 유연하여 접혀진 형태로 있는 것을 일방향으로 시켜 주면 고분자쇄가 펼쳐진 상태로 존재하게 되어 섬유의 비중이 물보다 가벼운 초경량 고성능소재가 된다.

• 타이백(tie-back) : 고밀도 폴리에틸렌을 극세섬유로 방사시켜 고열로 스펀본드 제조공법에 의하여 개발된 부직포로 종이보다 가볍고 필름보다 강해서 플로피 디스크용, 봉투, 책표지, 스포츠레저용품 등에 사용된다.

6) 냄새에 관한 섬유 신소재

• 향균방취섬유 : 착용 중인 옷이나 신발 등에 들어있는 미생물의 증식을 억제시켜 악취와 발생을 방지시키는 방법의 향균방취화와 향균 방취 기술을 적용할 수 없는 용도나 장소 등에서 발생하는 악취를 제거하는 방법이다. 미생물이나 효소를 이용하여 악취분자를 분해시키거나 반응속도가 매우 빠른 화합물을 악취분자와 반응시키거나, 다공성 물질을 이용하여 악취분자를 흡착시키거나 강한 방향성 물질을 분무시켜 악취의 불쾌감을 줄이는 소취화는 침구류, 실내장식용, 의료용, 양말, 내의류 등에 사용한다.

• 향기섬유 : 향기섬유는 마이크로 캡술에 방향성 약제를 넣고 이것을 섬유에 무수히 부착시키면 마찰에 의해 캡술이 점차적으로 파괴되어 향기가 나는 섬유로 뛰어난 방향 내구성과 지속성을 가지고 사과향, 장미향, 레몬향, 라벤다향 등의 다양한 향을 갖게 할 수 있으며 속옷, 침구류, 넥타이, 스타킹, 실내장식용 섬유에 사용된다.

7) 고기능성에 관한 섬유

외부의 자극을 받아서 질을 변화시키거나 양의 변화를 유발하는 작용을 말하며 대표적인 것으로 메틸섬유와 습한 속건성섬유가 있다.

• 쾌적, 편리성기능 : 방오, 흡수(땀), 발수, 발유, 방수, 투습통기, 보온축열, 방향
• 위생, 건강기능 : 진드기방지, 향균방취, 소취, 자외선 차페, 피부상해방지
• 안정성기능 : 제전, 도전, 난연, 방염, 낭용융, 내한
• 촉감 심미성 기능 : 광택, 발색성, 바램방지, 감온변색, 강연성, 그레이프선, 유연성

■ 메틸섬유

메탈섬유는 향균, 방취기능이 탁월하고 방충가공도 우수하여 아토피 피부염, 해소, 천식의 원인이 되는 집진드기의 기피율이 뛰어나며 대전방지기능, 열차단 기능이 우수하여 여름철에 외기의 태양열을 바깥으로 반사시키는 기능이 있어 여름에 시원하고 겨울에 따뜻한 섬유로 애용되고 있다. 따라서 이런 메탈섬유는 아웃웨어, 이너웨어, 아동복, 침장용, 세면타월과 양말, 스타킹 등 생활용품 및 잡화 외에 의료용으로 확대되고 있다.

■ 습한 속건성섬유

습한 속건성섬유를 들 수 있으며 빠른 수분흡수와 증발로 쾌적한 신체상태를 유지시켜주는 섬유로 스포츠웨어, 레저웨어, 언더웨어, 와이셔츠,양말, 장갑, 헤어밴드 등에 다양하게 사용되고 있다. 대표적인 습한성섬유로는 효성의 에어로쿨(Aerocool)과 코오롱의 쿨론(Coolon) 등이 있으며 그 밖에 휴비스, 성안합섬 등이 있다

■ 기능성 소재

- 사모기아(쾌적, 발열) :초극세사를 사용하여 촉감이 탁월하며 따뜻한 열을 발산하는 신소재섬유로서 흡한 속건 기능이 뛰어나다.

- 알부민(화이트닝 섬유) : 알부민은 멜라닌 색소(기미, 주근깨 생성 색소)의 생성을 억제하여 깨끗하고 하얀 피부를 유지시켜 준다.

- 에쿠스+아미노산(발열섬유) : 에쿠스는 레이온과 아크릴계 혼방 섬유로서 습도조절, 온도조절, 향균소취기능을 가지고 있다.

- 라즈베리 : 라즈베리는 장미과의 딸기류 과수로 라즈베리 캡톤이 지방분해촉진, 지방연소촉진, 지방 흡수 억제 작용 등에 탁월한 효력이 있어 다이어트에 효과적이다.

• **미라웨이브(바이오세라믹섬유)** : 폴리에스터에 특수 바이오 세라믹(일라이트)을 혼입시켜 제조한 다기능 건강섬유로 원적외선 방사기능(인체에 유익한 태양 광선으로 혈액순환을 촉진하여 인체의 면역기능을 강화), 축열 보온기능(열을 축척하였다가 기온이 하강하면 열을 방사하여 체온을 유지시키는 기능), 자외선 차단기능 및 부드러운 촉감, 항균기능(특수 바이오 세라믹의 강력한 제균력으로 식중독균과 폐렴균 등을 제거하는 기능) 등이 있다.

• **코튼 트리플** : 면 120수+ 속건사+ 면 80수 더블 실켓을 사용한 기능성 소재로 형태안정성이 뛰어나며 은은한 광택과 함께 쾌적하고 시원하며 섬세하고 부드러운 촉감으로 땀을 효과적으로 발산하는 섬유이다.

• **아쿠아 실크** : 100% 천연기능성 실크로 물세탁이 가능하며 우수한 광택과 뛰어난 내구성, 높은 흡습성과 항균성 및 보온성이 우수하여 겨울철에 따뜻하고 청결한 피부를 유지시켜 준다.

■ 레포츠소재

• **아웃라스트** : 아웃라이트는 미항공국에서 우주복으로 사용된 아크릴계 섬유로 체온을 항상 일정하게 유지하는 기능을 가지고 있다.

• **아이스 필** : 일본 도요보의 독자적인 기술로 개발한 특수 복합 필라멘트를 사용하여 만든 신소재로 운동 중에 발생하는 신체의 열을 효과적으로 발산하여 쾌적하고 시원한 느낌을 갖게 하는 소재이다.

• **넥스트바디** : 매우 가는 극세사섬유로 촉감이 부드러워 착용감이 좋으며 미세한 유해물질을 차단, 수분과 공기는 통과시켜 쾌적한 느낌을 유지시켜준다.

3. 웰빙 개념의 건강 속옷

속옷은 보온 및 위생을 목적으로 하는 언더웨어과 인체라인을 조절하는 파운데이션, 장식용의 란제리로 구별되어 왔으나 최근에는 소득수준의 향상과 더불어 건강에 대한 관심이 늘어남에 따라 기존의 관점에 새롭게 건강과 연관된 부분이 첨가되어 지향하는 속옷이 증가하고 있다. 건강에 대한 중요성이 높아지면서 헬스마케팅이라는 말이 등장하고 그에 관련된 건강 소재를 사용하거나 원료에 건강물질을 첨가해 가공 처리한 섬유를 사용해서 만들어진 건강 속옷이 늘어나는 상황이다. 또한 웰빙이라는 신개념의 트렌드로 인해 속옷의 중요성이 위생적인 관점에서 인체미로 또 건강으로 변화되어 가고 있으므로 이에 따른 속옷의 디자인 및 소재 등도 함께 변화하고 있다.

웰빙의 사전적 의미는 "복지, 행복, 안녕"이며 2000년 이후로 크게 대두된 삶의 문화의 유형으로 육체적, 정신적 건강의 조화를 통해 행복하고 아름다운 삶을 추구하려는 새로운 라이프 스타일의 개념을 말한다. 웰빙 트렌드로 인해 편안하고 풍요로운 마음으로 정신적, 육체적으로 건강한 삶을 누리려는 새로운 삶의 형태로 자연친화적이며 쾌적성과 기능성 및 스포츠에 관련된 제품의 소재가 새롭게 등장하고 있다.

건강내의는 숯, 쑥, 오배자, 황토, 옥이나 바이오 세라믹 등의 건강재료로 직물을 염색하거나 섬유나 직물에 부착시켜 제조한다. 재료별로 효능과 특성이 다르기 때문에 용도에 따라 다양한 재료가 사용된다.

(1) 자연친화적인 건강 속옷

1) 녹차내의

녹차에 함유된 카데킨과 폴리페놀성분을 이용해서 산화방지와 제균효과 및 우수한 흡수력으로 인해 각종 성인병 예방 및 땀냄새 제거, 피부알러지 감소에 효과적이다.

2) 황토내의

원적외선을 방출하여 생리작용을 활성화 시켜주고 수은, 카드뮴, 납 등 중금속을 분해시켜 줌으로써 방균, 방충효과 및 습도조절과 탈취기능이 우수하며 특히 노화방지 효과로 인해 노년층에게 큰 인기를 끌고 있다.

3) 옥내의

인체에 필요한 칼슘, 철분, 마그네슘을 비롯하여 20여개의 원소가 함유되어 있어 소화 및 노폐물의 배출, 혈액점도를 균형 있게 회복시켜 주는 기능이 있다.

4) 콩내의

대표적인 자연친화적인 천연섬유로 항균작용과 자외선차단의 기능이 있으며 실크의 부드러움과 면섬유의 수분전도성, 캐시미어수준의 보온성을 가진 고급섬유로 노화방지에 효과적이다.

5) 맥반석 내의

맥반석은 인체에 유익한 필수 미량원소 공급, 혈액순환 촉진, 살균, 탈취작용으로 순면의 흡습성과 실크의 부드러움을 느낄 수 있는 것이 특징이다.

6) 대나무내의

대나무에서 추출한 소재를 이용하여 자외선차단효과로 피부를 보호하며 항균소취기능과 흡습 및 발산, 통기성이 뛰어나 시원하며 쾌적하다.

7) 숯섬유 내의

숯의 폴리에스터 성분과 면을 방적한 신소재로 원적외선 효과로 혈액순환을 좋게 해주며, 소취효과가 있어 냄새를 제거해주며, 음이온효과가 있어 공기 중의 양이온을 감소시켜 음이온을 유지시켜 피로감을 해소시키는 기능이 있다.

* 음이온이란 숲 속이나 폭포, 온천 등에서 인체에 상쾌하게 느껴지는 (-)전하를 띈 공기의 원자요소가 음이온이며 원자가 전자를 잃으면 양이온, 전자를 얻으면 음이온이 된다. 음이

온을 마시면 세포의 신진대사를 촉진하여 활력을 증진시키며 피를 맑게 하고 신경안정과 피로회복, 식용증진의 효과가 있어 음이온은 공기의 비타민이라고 부른다.[53]

8) 머드보습내의

머드를 염색 가공한 제품으로 피부보습기능과 착용 시 체온에 의한 원적외선 방출로 혈액순환 촉진 및 신진대사를 원활케 한다.

9) 은행내의

면 원단에 은행추출물을 가공하여 피부질환의 원인이 되는 세균에 대한 항균력 발휘하여 효과적이다.

(2) 항균, 방취 및 소취 속옷

질환과 피부 장애를 초래하며, 비병원성일지라도 인체의 발한 부분에서 나는 악취와 2차 감염의 원인이 되는 세균이나 곰팡이와 같은 미생물을 억제하고, 환경의 악화에 따라 대량으로 발생하는 다양한 악취를 제거하는 향균 방취, 소취 가공이 주목받고 있다.

향균 가공은 섬유제품에 대해 생물학적 성질을 개량하여 내 곰팡이성을 부여하고, 세균의 성장을 억제하는 향균성을 부여하여 불결한 냄새를 억제시켜 주며, 제품의 훼손과 변질을 방지하여 항상 신선감을 갖게 하고, 외래 균으로부터 각종 피부 질환을 억제, 보호함으로써 건강하고 쾌적한 의생활을 목적으로 하는 가공기술이다.

일상생활을 영위함에 있어 쾌적성이 많이 요구됨에 따라 향균 방취가공 뿐만 아니라 소취가공도 주목을 받고 있다. 소취가공이란 여러 가지 원인에 의해 생성된 악취성분을 물리화학적 및 생화학적으로 흡착하거나 분해하여 무취화시키는 가공이다. 기존의 소취제는 각종 방향제를 사용하여 냄새를 숨기거나 활성탄의 흡착작용으로 악취를 제거하는 방법을 사용하였지만 최근에는 보다 효과적인 소취제가 개발되고 있다.

1) 키토산내의

닥터키토라는 천연 목재펄프원료에 항균기능의 키토산을 넣어 만든 키토포리(Chitopoly)소재로 항균, 항곰팡이의 기능성으로 이미 건강식품성이나 화장품용도로 활용되고 있다. 면이나 텐셀의 키토산을 9 : 1의 비율로 혼방할 때에는 각종 내의 및 침구류, 환자복, 각종 의료품 등 용도활용이 다양하며 저자극, 무독성이며 땀냄새를 제거하여 면역력강화 및 세균번식억제, 노화방지, 아토피성 피부염에 효과적이다.

현대의 피부병 아토피의 치료개념에서 닥터키토라고 불리며 아토피성 피부염에 탁월한 효능이 있는 이 섬유는 착용감 및 저자극, 보습, 흡습성을 지니며 향균 방취 기능 및 쾌적 소재로 불쾌감을 덜어준다.

2) 은나노내의

은나노 가공으로 인해 살균작용 및 혈액순환을 돕는 데 탁월한 효과가 있다.

3) 화산재내의

화산재를 이용하여 천연염색한 것으로 숙면을 취하게 해주며 피로회복효과 및 향균, 소취능력이 뛰어나 세균제거, 냄새제거와 피부질환에 예방효과가 좋다.

4) 한양초내의

한약성분을 첨가한 날염으로 원적외선으로 가공하여 지압효과 및 소취 , 혈액순환 촉진 등으로 항균방취, 보온효과가 좋다.

(3) 기타 특수 소재의 속옷

- 인따르시아 입체팬티 : 인따르시아의 브랜드 "바쉬"에서는 바깥쪽에는 캐릭터를 이용하여 입체감을 주고 안쪽에는 메쉬처리를 해서 착용 시 불편감을 줄이는 입체팬티를 출시하였으며 자체 개발한 다 기능성 액성 원적외선 인스바이오를 적용하여 혈류의 원활한 흐름 및 피부건조 및 노화를 방지하는 기능

을 첨가시켰다. 차후에는 이 입체팬티에 라벤더나 허브 등의 소재를 첨가하여 향 기능을 이용할 예정이라고 한다.

- 레이시 헴 : 올이 풀리지 않도록 특수 처리한 기능성 신소재로 살과 닿는 부분이 조이지 않아 착용감이 좋다.

4. 그 밖의 신소재들

이너웨어 브랜드 "휠라인티모"는 데님 소재의 속옷을 출시해서 개성적이고 이색적인 패션의 이미지를 강조하고 있으며 뻣뻣하고 흡수력이 적을 것 같은 이미지를 탈피하여 부드럽고 흡수력이 뛰어난 것이 특징으로 하는 등 여러 가지 신개념의 소재가 등장하고 있다.

- 마이판 루맥스(Mipan Lumax) : 자연광 및 인공광의 빛에너지를 흡수, 저장하여 빛이 제거된 후에도 일정 기간 동안 가시영역의 빛을 발하는 물질이 혼입된 섬유로 부드러운 고급 나일론 소재의 축광섬유, 심초형 단면으로 인한 피부 자극을 최소화하여 레이스, 스포츠웨어, 신발끈, 완구류, 자카드 등에 쓰인다.

- 마이판 코로나(Mipan Corona) : 원사에 소량의 함유로도 충분한 정전기 방지 효과가 있으며 소재가 부드러워 파손되지 않아 잠옷류, 스웨터, 카페트, 자동차시트 등에 쓰인다.
- 마이판 글루렉스(Mipan Glurex) : 일반 섬유보다 먼저 응용되어 섬유나 직물에 손상을 주지 않고 원하는 접착력을 부여하는 동시에 섬유의 결속력을 강화, 형태의 안정성을 주는 고기능성으로 언더웨어 부자재, 접차테이프용, 피코트

용, 편직용으로 쓰인다.

• 마이판 마이크로(Mipan Micro, Super Micro) : 효성이 개발한 초극세섬유로 극도의 파인함에 의하여 가볍고 소프트하여 기능성 속옷류, 스포츠웨어, 외투, 및 캐쥬얼 의류에 쓰임.

• 마이판 니코마 : 나일론 단섬유를 사용한 방적사로 천연섬유와 동일한 특성을 발현하는 원사로 동일 규격의 면적방사보다 강도, 신도, 신축성, 회복성이 우수하고 비중이 낮아 볼륨감이 좋으며 기능성속옷에 좋다.

• 마이판 듀오(Mipan Duo) : 란제리, 수영복, 스포츠웨어, 캐쥬얼웨어 등에 쓰인다.

• 마이판 피트((Mipan Fit) : 원적외선 섬유로 란제리, 양말, 타이즈, 스포츠의류, 침구류, 건강보호용품 등에 사용된다.

• 타이백 플러스 다운(Tie-back plus down) : 수증기는 통과시키면서 액체는 통과시키지 않는 특성을 이용하여 다운을 늘 새것처럼 가볍고 보송 보송한 건조상태로 유지시켜준다.

• 모달(Modal) : 고강력 레이온 섬유로 기존 비스코스 레이온의 최대단점인 수중 강력 저하 및 수축성문제를 보완, 실크처럼 부드러우면서 동시에 기존의 레이스 소재의 강점인 고급스러운 광택과 실크터치, 드레리프성 등은 그대로 유지하면서 흡습성과 컬러표현도 좋아서 속옷 및 속옷 내의류 등에 쓰인다.

• 쿨리(Cooly) : 모시에 라이크라를 접목시켜 신축성과 착용감을 부가한 소재로 엠보싱가동으로 까실까실한 시원한 촉감을 살리고 땀의 흡수와 건조속도가 빨라 피부의 불쾌감을 줄일 수 있으며 세탁 후 형태변화가 없어 안정적이다.

• 실크팡(Silkpang) : 면직물에 콜라겐성분의 특수 화학처리하여 소프트하면서 실크 같은 표면촉감으로 고급천연유연가공소재로 흡습성이 증대되어 쾌적하고 드레이프성이 뛰어나 란제리, 셔츠와 블라우스에 쓰인다.

• 텐셀(tencel) : 편의 편안함과 폴리에스테르의 내구성, 비스코스의 유연성, 실크의 촉감을 가진 소재로 속옷, 장옷류, 자켓, 드레스, 스포츠셔츠 등에 쓰인다.

• 크리스피(Crispy) : 면 및 혼방직물 등 섬유소재를 개선시켜 색다른 가공공정을 도입하여 마섬유의 장점을 최대한 향상시킨 소재로 표면광택이 우수하여 모시메리, 자켓, 셔츠 등에 쓰인다.

• 헴턴(Hempton) : 면과 천연 마섬유 hemp을 혼방하여 면 특유의 촉감에 마직물의 시원하고 건조한 느낌을 부여함으로써 쾌적감을 갖는 동시에 헴 자체의 우수한 항균성으로 Cool & dry와 Wash & wear성을 가져 셔츠와 슈트에 쓰인다.

• 노다림(nodarim) : 면소재에 부드러운 촉감과 형태안정성을 유지시켜 세탁 후 다림질이 필요 없는 것으로 속옷류, 셔츠 등에 쓰인다.

현대에는 속옷패션에 대한 소비자의 고감각화로 인해 홈쇼핑이나 인터넷쇼핑을 이용한 언더웨어의 구매율이 높아지고 있으며 겉옷과는 달리 구입 시 입어보지 않고 디스플레이나 인터넷, 카달로그 등의 사진만을 참고로 구입여부가 결정되므로 다른 제품에 비해 시각적 감성이 중요한다고 할 수 있다.

란제리 디자인의 시각적 이미지유형은 밝은 단색의 투명도가 낮은 실키광택 소재로 가슴과 허리에 적당한 여유가 있는 짧지 않은 품위 있는 스타일, 색채와 무늬가 있고 상반신이 밀착되며 하반신에 여유가 많으며 짧은 원피스의 발랄한 스타일, 밝은 단색의 여유가 많은 짧은 투피스의 실용적인 스타일, 전체적으로 몸에 밀착되며 소재의 투명도가 높은 레이스로 된 검정색 원피스가 많은 섹시한 스타일로 분류하기도 하였다. 선호도 조사에서 심미성 및 품위성이 전체의 78.8%를 차지하고 있으며 품위 있는, 발랄한, 실용적인, 섹시한 스타일순으로 나타났다.[54]

현대에는 건강하고 균형 잡힌 인체의 라인미가 강조되므로 여성들이 겉옷에 이어 속옷에서도 편안하면서도 아름다움이 돋보이는 것을 선호하고 있다. 겉옷을 위한 미적효과 및 균형 잡힌 신체라인을 유지, 나이가 들수록 드러나는 신체의 결점을 가려주는 역할이 더많이 부각되고 체형보정 이상의 피부의 장점을 돋보이는 신소재와 광택, 컬러 등이 다양하게 요구되고 있다.

국내속옷시장은 신영와코루의 비너스, 남영 L&F(비비안), 쌍방울, BYC, (주)좋은 사람들의 5개 업체가 전체시장의 70%정도를 차지하고 있고 약 60여개의 군소 브랜드가 나머지 시장을 형성하고 있다.[55]

속옷의 관리

1. 속옷의 세탁

(1) 세탁 요령

속옷은 겉옷보다 부드럽고 섬세한 원단을 사용하므로 비벼서 빨면 원단 표면에 보풀이 생기거나 레이스가 망가질 수 있으므로 부드럽게 손으로 만져 세탁해야 한다. 특히 몰드가 사용된 컵 부분은 비벼 빨지 않아야 하며 세제를 풀어 녹인 물에 가볍게 흔들어 씻어주어야 컵의 형태가 망가지지 않고 탄력이 오래 간다. 와이어는 가볍게 주물러 빨고 잘 지워지지 않는 경우는 스폰지를 사용한다. 속옷에는 자수나 레이스, 프릴 등이 많이 사용되므로 뒤집어서 세탁해야 그 형태나 모양이 쉽게 손상되지 않는다. 속옷 중에서도 브래지어를 다룰 때는 더욱 주의해야 한다.

① 모든 화운데이션의 세탁은 손세탁을 하는 것이 좋다.
② 세탁 전, 제품에 부착된 사이즈 라벨의 세탁 표시를 확인하여 세탁법과 염소계 표백제의 가능성 여부, 다림질방법, 드라이크리닝, 탈수방법, 건조방법 등을 알아야 한다.
③ 세탁 전에 레이스나 봉제 선을 확인하여 수선한 뒤 세탁하는 것이 좋으므로 첵킹한다.
④ 속옷의 소재에 알맞은 세제를 선택하고 적정량을 물에 충분히 용해시켜 세탁해야 한다.
⑤ 세탁 순서에 유의하여 오염이 적은 순, 흰색과 엷은 색의 정도순으로 분리 세탁해야 하며 세탁은 짧게 하고 충분히 헹구어야 하며 세제가 남아 있으면 변색이 되거나 얼룩의 원인이 되며 일반적으로 면100%는 중성세제를 사용한다.
⑥ 속옷은 대부분 손으로 세탁하는 것이 좋으나 부득이 세탁기를 사용할 때는 반드시 세탁망에 넣고, 가능한 한 약류를 이용하여 세탁해야 제품의 손상을

방지할 수 있다. 특히 스틸본이나 와이어 등 특수 소재가 들어있는 올인원, 브래지어, 웨이스트니퍼, 코르셋은 꼭 손빨래를 하는 것이 좋다.

⑦ 세탁기로의 세탁은 3분 이내로 하고 충분히 헹구어야 한다. 또한 탈수는 세탁망 채로 30초 정도 하는 것이 좋다.

⑧ 세탁 시 물의 온도는 30℃~40℃의 미지근한 물로 하는 것이 좋다.

* 몰드컵 브래지어의 패드는 상당한 주의를 필요로 하는 소재로 만들어져 있기 때문에 세탁과 관리에 상당한 주의가 필요하다.

(2) 세제 선택

속옷은 세제는 약알카리성의 중성세제를 사용하고 염소계 표백제나 유연제는 속옷의 특성인 회복력과 탄성력을 떨어뜨리므로 피하는 것이 좋다. 실크 소재의 란제리나 레이스가 달린 제품은 부드러운 액체 중성세제를 사용하는 것이 좋다. 실크 제품에 일반 세제를 사용하면 원단을 손상시켜 광택을 잃게 된다. 꽃무늬나 프린트가 있는 제품에 표백성분이 있는 형광제를 사용하면 색상이 변질되거나 얼룩이 생길 수 있다. 또 세제를 세탁물에 직접 뿌려서는 안 되며 세제를 물에 완전히 녹인 다음 세탁물을 넣어야 하고 너무 많은 양의 세제를 사용하면 원단이 상하게 된다.

(3) 건조

세탁 후 말릴 때에 탈수기를 사용해서는 안 되며 또 손으로 짜면 형태가 일그러질 수 있기 때문에 속옷을 마른 타월에 끼워 수분을 제거하는 것이 좋다. 레이스 부분은 양손에 끼워서 가볍게 두들겨 물기를 털어낸다. 건조 시 속옷의 가로와 세로의 형태를 정리하고 자외선을 피해 통풍이 적은 그늘에서 건조시키는 것이 좋다. 직사광선에서 건조시키면 변색이나 퇴색이 될 수도 있다.

브래지어의 경우 컵 부분은 손가락 끝으로 주름을 펴고 볼륨을 정리한 후 그늘에서 건조시켜야 하며 옷걸이에 걸어 건조시키는 것이 좋지만 어깨끈이 얇거나 어깨끈에 레이스 처리가 된 제품은 옷걸이에 반으로 접어서 건조시키는 것이 좋다.

① 세탁 후 바로 건조해야 한다.
② 건조 시 응달지고 통풍이 잘 되는 장소에서 건조한다.
③ 건조할 때 주름을 펴고 형태를 맞추어 정리해서 건조하며, 가스 석유 스토브가 있는 실내에서의 건조는 변색의 원인이 되므로 가급적 피하는 것이 좋다.
④ 레이스 부분은 마른 수건으로 가볍게 물기를 빼주는 것이 좋다. 보관 시에는 컵의 형태를 망가뜨리지 않도록 주의하고 아래 그림과 같은 방법으로 보관한다.

2. 보관과 관리

(1) 브래지어, 팬티, 거들

잘 건조시킨 다음 가능하면 화운데이션 전용 서랍에 보관한다. 브래지어는 컵의 형태가 찌그러지지 않도록 하며 거들과 팬티는 동그랗게 말아서 깨끗하게 정리하여 보관한다. 브래지어의 경우 수납 시에 어깨끈 등을 컵의 안쪽에 넣고 2개의 컵이 눌리지 않도록 해야 한다. 서랍 안에 수납할 때 속옷을 잔뜩 채워 넣어 컵의 형태를 망가뜨리지 않도록 하는 것이 좋다.

(2) 슬립, 보디슈트, 브라슬립

브라슬립과 보디슈트는 컵의 형태를 잘 펴주고 옷걸이에 걸어 양복장에 보관하는 것도 좋은 방법이다.

| 각 | 주 |

1) 최원, 서양 여성속옷을 응용한 의상디자인, 이화대 석사논문, 1995, p.3

2) 두산백과사전, 1996, 서울: 두산 동아 백과사전 연구소

3) Catherine Bardey. op. cit., p.21-23

4) 서양복식의 변천에 대해서는 조진애 외 2명, 서양복식의 역사, 2001/ 이정옥외 2명, 서양복식사, 1999/ 정흥숙, 서양복식문화사, 1999/ 이의정, 김소영의 언더웨어, 2001/ 최원, 서양 여성속옷을 응용한 의상디자인, 이화대 석사논문, 1995/ 김주애의 시대변천에 따른 연구(I, II), 1997/ 김주애, 중세남녀속옷의 특성, 2003/ 이연수, 현대여자속옷에 관한 연구, 2003/ 연구기관 (주) 좋은 사람들, 전남대학교 공저, 착용감 쾌적성을 고려한 감성 이너웨어개발, 2000

5) 최원, 서양 여성속옷을 응용한 의상디자인, 1995, 이대 석사논문, p.116-117

6) 이상례, 세기말 현상으로 본 속옷의 겉옷화 현상, 복식, 제35호, 1997, p.328

7) 우에노 찌쯔꼬, 1991,

8) www.samsungdesign.net

9) 이의정, 김소영, 언더웨어, 교학연구사, 2001, p. 8

10) 김주애, 이연희 공저, 중세남녀속옷의 특성, 복식문화연구, 2003, p.273

11) 김지연, 전혜정, 이상미에 따른 여성 속옷의 구성에 관한 연구(2), p.92

12) 한국복식의 변천에서는 백영자, 최혜율저, 한국의 복식문화, 2001/ 유송옥외 2명, 복식문화, 1996/ 유희경, 한국복식문화사, 1997/ 조효순, 한국복식풍속사연구, 1995/ 이연수, 김선화공저, 현대여자속옷의 체계적분류에 관한 연구, 2003/ 황의숙, 속옷착용에 따른 전통복식의 실루엣에 관한 연구, 2003

13) 유희경, 한국복식문화사, 교문사, 1996

14) 조효순, 한국민속풍속사연구, 임지사, 1989
박경자, 일제시대의 복식, 한국의 복식, 한국문화재보호협회, 1982, P.433~455

15) 한국여성사II, 이화여대 출판부, 1972, p.197

16) 이송희, 개화기 복식의 변천과 그 요인, 이대 석사논문, 1984, p.93

17) 김미영 외 2명, 옷입기양식을 통해 본 속옷문화의 변화, 복식문화연구, 1998, p.495-6

18) 이정주, 패션상품으로서의 이너웨어, 대전대학, 2004, p.187~193

19) 20) (사)는 라사라 교육개발원의 복식 사전의 사전적 정의를 의미한다. (전)은 의류 전문지인 〈봉제계〉에서 발췌한 정의를 말한다. 두 가지 방식의 용어 정의는 한명숙(1997)에서 재인용함.

21) 오희선, 1997, 패션이야기, 서울, 교학연구사

22) 이상례, 속옷미학, 복식, 2002, p.161-162

23) C. Willet & Phillis Cunnington, op. cit., p.27

24) 이연수, 현대여자속옷에 관한 연구, 순천대 석사논문, 2003, p.8

25) 이연수, 2003, 현대여자속옷에 관한 연구,p. 9

26) 임원자, 백영자, 서양복식사, 1998,

27) 안영숙, 1987, 파운데이션의 착용실태에 관한 조사연구, 이화대학교, 석사학위논문

28) 이연수, 2003, p.26

29) 전지원, 기능성 파운데이션의 구매행동과 착용만족도, 건국대 석사논문, 2002, p.10
30) 전지원, 기능성 파운데이션의 구매행동과 착용만족도, 건국대 석사논문, 2002, p.10
31) 김지연, 전혜정, 20세기 후기 란제리의 구성 및 제작기법, 복식학회, 2005, p.123
32) 봉제에 대한 특성에 대해서는 전반적으로 김지연, 전혜정, 20세기 후기 란제리의 구성 및 제작기법, 복식학회, 2005을 주로 참고하였음.
33) Morris, Karen (2001). Sewing lingerie that fits, New-town: Tounton Press, pp.40-55
34) Singer(1991). op. cit., pp.40-55
35) 조은경, 20대 빈약 유방여성의 브래지어 착용실태 조사연구, 숙대 대학원 석사논문, pp. 260-7, 1999
36) 조은경, 20대 빈약 유방여성의 브래지어 착용실태 조사연구, 숙대 대학원 석사논문, pp. 260-7, 1999
37) 정화연, 서미아, 성인용 브래지어의 치수설계에 관한 실태조사, 한국과학생활연구, 2003, p.36
38) 신인수, 속옷에 대하여, 2001, 채윤이, 전통식물문양을 이용할 브래지어연구, 2003
39) 이경화, 류은정, 여대생의 비만도와 신체만족도에 따른 브래지어와 거들의 착용태도에 관한 연구, 복식, 2001, pp.53
40) 송명견, 고대크레타인의 복시에 관한 연구, 서울대논문, 1981
41) 오경숙, Undergament의 변천사적 고찰, 성신여자대학교, 의류학과, 1985
42) 김대란, 1997,
43) 이선재, 1998.
44) 김희숙, 조신현,나미희, 대학생의 언더웨어 및 소재의 선호도 연구, 한국생활학회지 제12권, 5호,2003, p.9
45) 조은희,성인여성의 속옷구매동기와 평가기준에 관한 연구, 성시여자대학교 석사논문, 1998,
46) 김명수, 신세대 여성의 라이프스타일과 속옷 구매행동에 관한 연구, 1997, 영남대 석사논문, pp.61-64
47) 고인숙, 성인여성의 자아개념과 속옷구매에 관한 연구, 숙대 석사논문, 1996
48) 김효순, 김순분, 여성의 속옷에 대한 인식과 사용실태, 계명연구논집 제9집, pp.313-314
49) 박여정, 국산 여성 기능성 파운데이션의 구매행동에 따른 상품력 제고에 관한 연구, 국민대석사, 2001, pp.57-61
50) 하수진, 이경희, 브래지어 디자인에 대한 시각적 감성연구(제1보), 복식, 1999, p.24
51) 김유라, 언더웨어신규브랜드 런칭을 위한 연구, 2001
52) 정인희, 국내란제리소재현황에 관한 연구, 2003 / (주)비너스(http//www.venus.co.kr/ (주)남양, 비너스(http://www.venus.co.kr / (주)남영 L&F(www.vivien.co.kr)/ 좋은사람들(http://www.j.co.kr) / 쌍방울(http://www.sbw.co.kr)
53) 속옷브랜드: 비너스
54) 위은하, 란제리디자인의 이미지유형과 디자인, 대한가정학회지, 2004, p.36
55) 한국경제신문, 2002, 9.4

참고 문헌

강지훈, 20-30대 남녀 소비자의 속옷태도와 구매동기와의 관계연구, 연세대 , 2002

고영아, 최현숙, Corset의 Supra현상을 응용한 의상디자인, 복식학회, 2000, Vol.50,No.4

김유라, 언더웨어 신규브랜드 런칭을 위한 연구, 홍익대 석사논문, 2001

김주애의 시대변천에 따른 연구(I, II), 복식문화연구, 1997-1998

김주애, 남성 속옷의 변천에 관한 고찰(IV), 진주전문대학논집,1994, 제 17집

김주애, 이연희공저, 중세 남녀속옷의 특성, 복식문화연구, 2003, 11권 2호

김효은, 김순분 공저, 여성의 속옷에 대한 인식과 사용실태, 철명연구논집,

김명수, 신세대 여성의 라이프스타일과 속옷 구매행동에 관한 연구, 영남대석사논문, 1997

김미영외 2명, 옷입기양식을 통해 본 속옷문화의 변화, 복식문화연구, 1998

김미영, 한명숙공저, 속옷광고의 구조 및 내용의 변화에 관한 연구, 복식문화연구, p. 제9권 3호, 2001

김정은, 시판 화운데이션제품에 대한 불만족요인 연구, 숙명대 석사논문, 1991

김지연, 전혜정 공저, 이상미에 따른 여성 속옷의 구성에 관한 연구(2), 2003, Vol.53, No.5

김지연, 전혜정 공저, 이상미에 따른 여성 속옷의 구성에 관한 연구(1), 복식학회, 2003, Vo.53, No.31

김지연, 전혜정 공저, 20세기 후기 란제리의 구성 및 제작기법, 복식학회, 2005, Vol. 55, No. 6

김희숙외 2명, 대학생의 계절별 언더웨어 및 소재의 선호도 연구, 한국생활과학회지, 2003,제 12권 5호

김혜경, 성인여성의 신체만족도에 따른 기능성 파운데이션 구매 및 착용실태에 관한 연구, 2002, 전남대 석사논문

김태영, 조선시대 속옷을 응용한 성인전기 여성의 잠옷 디자인 연구, 동의대 석사논문, 2002

두산백과사전, 1996, 서울: 두산 동아 백과사전 연구소

연구기관 (주) 좋은 사람들, 전남대학교 공저, 착용감 쾌적성을 고려한 감성 이너웨어개발, 과학기술부, G7감성공학기술개발사업, 2000
목정현, 슬립웨어의 의복이미지에 관한 연구, 2003, 이화대 석사논문
박은미, 성인여성용 브래지어 치수규격과 원형개발 연구, 숙대 박사논문, 2000
박명복, 성공을 부르는 몸매이야기, 도서출판 함께, 2004
백민숙, 김문숙 공저, 언더웨어산업의 현황에 관한 연구, 대전보건전문대학 논문집, 1996,Vol.17
스기모토 치요코, 옮긴이 곽유순, 속옷으로 미인만들기, 두레박, 1996
신인수, 속옷에 대하여, 원광대 최고여성지도자과정 강의 논집, 2001, 제2호
심희란, 서미아공저, 성인여성의 파운데이션 구매행동에 관한 연구, 복식학회, 2000, Vol.50, No. 8
심희란, 성인여성의 파운데이션 구매행동에 관한 연구, 한양대 석사논문, 1998
위은하, 란제리 디자인의 이미지 유형과 디자인 특징, 대한가정학회지, 2004, 제 42권 5호
이경화, 류은정 공저, 여대생의 비만도와 신체만족도에 따른 브래지어와 거들의 착용태도에 관한 연구, 복식학회, 2001, Vol. 51, No. 8
이연수, 현대여자속옷에 관한 연구, 2003
이연수, 김선화 공저, 현대여자속옷의 체계적 분류에 관한 연구,한국지역사회생활과학회지, 2003, 14(3)
이상례, 세기말 현상으로 본 속옷의 겉옷화 현상, 복식, 제35호, 1997
이상례, 속옷미학, 복식학회, 2002, Vol. 52, No.1
이순자, 이순흥 공저, 여성속옷에 관한 연구, 복식학회, 2000, Vol.50, No.6
이연수, 김선화공저, 현대여자속옷의 체계적분류에 관한 연구, 한국지역사회생활과학회지 2003
이원자, 전지원공저, 기능성 파운데이션의 소비자 구매행동, 2003, 건국대 생활문화, 예술논집 제26집,
이정주, 패션상품으로서의 인너웨어, 대전대학, 2004
이찬주, 여름철(7,8월)의 속옷 착용 실태조사, 이화여대 학술지 의류직물연구, 1981, Vol.-No.10
이철환, 김남구 공저, 현대여성들의 화운데이션 착용실태에 관한 조사, 계명논집 제5집, 1988-1989
이준옥, 개인별 맞춤거들 제작을 위한 기초연구, 서울대 박사논문, 2001

임 순, Under-Wear의 착용감과 착용방법에 관한 연구, 복식문화연구, 1998, 제6권 4호
양취빈, 여성복식에 나타난 속옷패션에 관한 연구, 경북전문실업대학, 1995
장화연, 서미아 공저, 성인용 브래지어의 치수체계에 관한 실태조사, 한국생활과학연구, 2003
전지원, 기능성 파운데이션의 구매행동과 착용만족도, 건국대 석사논문, 2002
정인희, 국내란제리 소재 현황에 관한 연구, 한국색채학회지, 2003, Vol. 17, No.2
정지은, Innerwear브랜드 강화를 위한 패키지디자인전략에 관한 연구, 한양대 석사논문, 2001
조원정, 에스닉 스타일을 응용한 속옷 디자인 연구, 2002, 동덕여대 석사논문
하수진, 이경희 공저, 브래지어 디자인에 대한 시각적 감성연구(제1보), 복식학회, 1999, Vol, 23, No.5호
한명숙, 복식명칭의 화룡론적 연구(II), 복식문화연구, 1997, 제 5권
황의숙, 속옷착용에 따른 전통복식의 실루엣에 관한 연구, 배화논집, 2003,제 22집
채윤이, 전통식물문양을 이용한 브래지어 연구, 2003, 공주대 석사논문
최원, 서양 여성속옷을 응용한 의상디자인, 이화대 석사논문, 1995

DIVA: 2002S/S, 2002-3A/W, 2003S/S, 2003-4A/W, 2004S/S, 2004-5A/W, 2005S/S, 2005-6A/W
INTIMA : 2003S/S, 2003-4A/W, 2004S/S, 2004-5A/W, 2005S/S
Body Fashion: 2006-7 F/W
Lingerie: 2005(55, Jahre)
Sous: 2003 F/W
(주) 남영 L&F(http: // www. vivien.co.kr)
비너스(http: // www.venus.co.kr)
쌍방울(http: // www. sbw. co.kr)
좋은 사람들(http: // www. J. co.kr)
BYC(http: // www. byc.co.kr)
Cunnington, C.W. & P., The History of Underclothes, New York : Dover, 1992
Lurie, A., 의복의 언어, 유태순역, 경춘사, 1983
Martin〈 R., Koda A., 인프라 의상, 이선재역, 경춘사, 1996